西安科技大学十二五规划研究生教材

DILI XINXI XITONG GONGCHENG GAILUN

# 地理信息系统工程概论

杨永崇 编著

西北工业大学出版社

【内容简介】 本书针对当前地理信息系统（GIS）教育中存在的偏GIS理论和技术、轻GIS工程设计与管理的问题，全面系统地介绍了地理信息系统工程的概念体系、规划设计、数据工程、软件工程、维护工程以及工程管理等方面的工作内容和技术方法，侧重GIS工程实践中的设计与管理知识的介绍。

本书可作为地图制图学与地理信息工程学科和地图学与地理信息系统学科硕士研究生的教材，也可作为从事地理信息工程技术人员的参考资料。

图书在版编目（CIP）数据

地理信息系统工程概论/杨永崇编著. —西安：西北工业大学出版社，2016.8
（2020.1重印）
ISBN 978-7-5612-4996-3

Ⅰ.①地…　Ⅱ.①杨…　Ⅲ.①地理信息系统—概论　Ⅳ.①P208

中国版本图书馆CIP数据核字（2016）第188132号

出版发行：西北工业大学出版社
通信地址：西安市友谊西路127号　　邮编：710072
电　　话：（029）88493844　88491757
网　　址：www.nwpup.com
印　刷　者：西安日报社印务中心
开　　本：787 mm×1 092 mm　1/16
印　　张：13
字　　数：260千字
版　　次：2016年8月第1版　2020年1月第2次印刷
定　　价：45.00元

# 前　言

地理信息系统工程是随着地理信息系统（GIS）的应用而诞生的，即先有地理信息系统的概念后才有地理信息系统工程的概念。地理信息系统工程是以建立一套应用型地理信息系统为目的的建设工程，简单地说，地理信息系统工程就是建设GIS的工程，因此，有时也将地理信息系统工程称为GIS工程。

一套应用型地理信息系统是由计算机硬件、软件、地理空间数据和用户4部分组成的，硬件是构成地理信息系统的物理基础，包括计算机、图形图像输入/输出设备、网络设备等。软件是地理信息系统的驱动模型，包括系统软件、地理信息系统基础软件和各种应用软件等。数据是地理信息系统的血液和处理对象，也是地理信息系统效益和价值的体现，包括基础数据和各种专题数据等。人员是地理信息系统的灵魂，包括系统开发者（最高管理者和一般管理者、工程技术人员）和直接用户和潜在用户等。

GIS建设即地理信息系统工程包括了GIS硬件建设、GIS软件开发、GIS数据采集和GIS用户培训，其中最重要的是GIS软件工程和GIS数据工程。GIS应用的领域不同，地理信息系统工程中各部分的投资或工作量也不相同，有些地理信息系统工程以GIS数据采集部分为主（例如土地管理方面的地理信息工程），有些则以GIS软件开发部分为主（例如城市规划方面的地理信息工程）。GIS软件开发是GIS工程的核心，但不是GIS工程的全部。本书主要介绍与本专业密切相关的两部分：GIS数据采集和GIS软件开发。若前者犹如GIS的心脏，则后者就好像GIS的血液，两者对GIS工程具有同等的重要性。这是本书与其它同类书的区别所在。

地理信息系统工程的突出特点是需要把GIS技术与专业应用领域的技术紧密结合，是一项强烈依赖于二次开发的应用工程，其核心工作之一就是基于底层GIS软件或第三方GIS软件及相关硬件设备进行的应用开发与集成。另外，很多情况下GIS都与OA(办公自动化)融合在一起为用户服务，甚至在一些用户看来，GIS就是OA的一个子系统。

GIS工程总是面向具体的应用而存在，它伴随着用户的背景、要求、能力和用途等诸多因素而发生变化。因此，要求从系统的高度抽象出符合一般GIS工程设计和建设的思路和模式，用以指导各种GIS工程建设。

地理信息系统是一个实用化的计算机应用系统，完整的地理信息系统应用不是原理和技术方法的堆砌，而是基于系统化思想指导下的工程化建设过程。因此，地理信息系统工程是一个系统工程。加之，由于地理信息系统工程技术涉及面广，应用技术手段多样，系统因子关系复杂，因此地理信息系统工程应在更高的层次上正确应用系统工程的原理、思想、方法和各种准则来处理问题，形成大型地理信息系统工程建设的理论基础。这就是笔者编写本书的初衷。

回顾我国GIS的发展历史，可以看出GIS人才教育与培养起到了十分重要的作用。如今，我国的大多高校都开设了地理信息科学专业，但涉及工程的课程并不多见。目前GIS教育中存在的一个主要问题是重GIS理论和技术、轻GIS工程设计与管理。培养的学生虽然具有一定的GIS软件开发能力，但系统设计与管理能力普遍较弱。所以我们要尽快建立GIS工程的教学体系，这也是本书编写的初衷。

本书分为10章，第1章介绍了GIS工程的概念和框架，第2章和第3章介绍GIS规划设计工程，第4~6章介绍GIS数据工程，第7章和第8章介绍GIS软件开发工程，第9章介绍GIS维护工程，第10章介绍了GIS工程管理。本书可作为地图制图学与地理信息工程学科和地图学与地理信息系统学科硕士研究生的教材，也可作为从事地理信息工程技术人员的参考资料。

编写本书参阅了相关文献资料，在此向其作者表示敬意和感谢。在本书不断完善的过程中，要特别感谢西北大学城市与环境学院的谢元礼老师，他认真仔细地修改了本书的错误和缺点，并提出了宝贵的修改意见。

本书的编写虽然花费了很大的心血追求尽善尽美，但还是有许多不尽如人意的地方，书中难免存在不妥之处，恳请广大读者批评指正，以便使之日臻完善。

编　者
2016年5月

# 目　录

# 第1章 绪 论

## 1.1 GIS工程的概念

### 1.1.1 地理信息概述

人类生活在地球上，人类的一切活动无不与地理环境相关。什么时间，什么地点，发生了什么事情，为什么发生在这里，事发地点的环境及其与周围环境的关系，这是当今人们比以往任何时候都更为关心的问题。

人类借助地理空间信息来认识人类自身赖以生存和发展的地理环境，今天的世界已经成为没有地图、GIS就无法"运转"的时代，因为地图、GIS等都反映了客观世界的空间关系和空间结构。特别是GIS，它是人们表达世界、认识世界和改变世界的新的技术手段。

#### 1. 地理信息的概念

地理环境是由分布在地表上的各种地理实体共同构成的。实体是客观世界中存在的且可以相互区分的单元，实体可以是具体的事物，也可以是抽象的概念。地理实体是具有空间分布特征的实体，它分为自然的和人工的。自然的地理实体包括河流、湖泊、森林、草原以及矿体等，人工的地理实体包括公路、铁路、电力设施、电信设施等各种设施。它们共同构成了人类生产和生活中重要的资源与环境，为了充分地利用和保护它们，就必须掌握它们的信息，即地理信息。

地理信息即地球表面上各种地理实体和地理现象的信息。具体地讲，地理信息（Geographic Information）是指与空间地理分布有关的信息，它表示地表物体和环境固有的数量、质量、分布特征，联系和规律的数字、文字、图形、图像等的总称，分为空间信息和属性信息两类。

#### 2. 地理信息的特点

信息是有价值的，就像不能没有空气和水一样，人类也离不开信息。因此人们常说，物质、能量和信息是构成世界的三大要素。而80%的信息为地理信息，所以说，地理信息是极具重要的。地理信息除了具备信息的一般特性外，还具备以下独特特性。

**（1）区域性**

地理信息属于空间信息，是通过数据进行标识的，这是地理信息区别其他类型信息最显著的标志，是地理信息的定位特征。区域性即是指按照特定的经纬网或公里网建立的地理坐标来实现空间位置的识别，并可以按照指定的区域进行信息的并或分。

**（2）多维性**

具体是指在二维空间的基础上，实现多个专题的地三维结构。即是指在一个坐标位置上具有多个专题和属性信息。例如，在一个地面点上，可取得高程，污染，交通等等多种信息。

**（3）动态性**

主要是指地理信息的动态变化特征，即时序特征。可以按照时间尺度将地球信息划分为超短期的（如台风、地震）、短期的（如江河洪水、秋季低温）、中期的（如土地利用、作物估产）、长期的（如城市化、水土流失）、超长期的（如地壳变动、气候变化）等。从而使地理信息常以时间尺度划分成不同时间段信息，这就要求及时采集和更新地理信息，并根据多时相区域性指定特定的区域得到的数据和信息来寻找时间分布规律，进而对未来做出预测和预报。

**3. GIS的作用**

单位或组织的运行离不开管理。组织管理是对单位或组织所拥有的各种资源进行决策、计划、协调、执行控制和评估等，从而有效实现其目标的过程。管理的基本职能是计划、组织、领导和控制。从信息处理的角度，组织的日常事务、日常管理与战略管理的各个环节离不开信息的收集、加工、分析与应用。因此，现代组织离不开信息技术，信息系统已成为大多数组织的有机组成部分。

对组织管理而言，信息与知识是首要的，技术是实现信息处理的手段。可以说信息技术是组织的基础设施，信息系统是组织管理的工具和手段。

自1962年世界上第一个地理信息系统——加拿大地理信息系统（CGIS）——诞生以来，短短50年间，GIS以研究采集和使用地球表面的空间数据而迅速发展起来。

GIS最基本的作用是建立空间数据库，实现了对有关数据的输入、存贮、检索和查询统计，改进了信息资源的管理和利用；GIS更高级的作用则是提供较强的空间分析功能，建立相应的应用模型，提供辅助决策功能。

空间数据库的建立及以此为基础的一系列空间分析方法的应用极大地促进了地理学的定量化发展研究，同时，也极大地促进了社会经济信息化发展的进程。地理信息和地理信息技术在政府部门和商业企业已经获得广泛认同，被当作是组织正常运转所不可缺少的重要信息资源。在科学研究与探索、政府行使管理职能和提供服务、公共设施企业资源管理等领域里，其重要性表现在下述方面。

1）将GIS用于信息管理，提高组织的信息处理水平和管理效益；

2）将GIS用于决策支持，提高组织的决策和服务水平；

3）将GIS与商业价值链整合，降低交易成本和创造价附加值；

4）将GIS技术进行组织变革和流程重组，提高组织的灵活性、效益和生产力；

5）将GIS用于战略规划，提高组织竞争优势。

GIS目前主要应用于政府、公共事业、商业和个人服务四大领域。中央和地方政府部门使用GIS制作地图产品、提供地理信息服务，并应用于辅助决策和政策制定。公共事业部门包括电力、燃气、自来水、通信等，其大量的设施类资产分布在城市或乡村，需要GIS进行资产登记、设施维护、运行监测、应急处理等。而商业企业常常使用GIS进行位置决策、营销管理、客户服务等。20世纪90年代以来，GIS开始广泛应用于商业服务规划、交通与物流管理、市场竞争分析等领域，成为GIS快速增长的领域。进入21世纪，办公室日常办公（如MAPPOINT）、位置相关服务（LBS）、面向个人的地图服务将成为GIS的应用热点。

GIS已渗透到多个行业，毋庸置疑，它具有很大的应用潜力。但是，GIS技术本身并不会自动转化为应用，它要在组织、制度、业务与管理环境中通过严谨的软件系统开发和有效的项目管理，才能把GIS技术成功地应用到组织的业务处理、日常管理和战略决策中。

很多情况下，GIS都与OA融合在一起为用户服务，甚至在用户看来，GIS就是OA的一个子系统。例如，城镇地籍信息系统就是OA与GIS结合的典型应用，它不仅具有地籍信息管理的功能，也有土地登记发证的自动化办公的功能。GIS只有与用户的日常事务管理结合起来才能充分发挥它的作用，而且通过日常事务管理可以不断更新它的数据而使它保持系统数据的现实性。同样走GIS与OA结合的道路，GIS技术才能被广泛应用。

### 1.1.2 地理信息系统工程的概念

#### 1. 地理信息系统工程的定义

地理信息系统工程是随着GIS技术的应用而产生的一种新概念，目前对于地理信息系统工程还没有一个统一或公认的定义，用词也不尽相同。

1）地图制图学与地理信息系统工程是研究用地图图形科学地、抽象概括地反映自然界和人类社会各种现象的空间分布、相互联系及其动态变化，并对空间信息进行获取、智能抽象、存储、管理、分析、处理、可视化及其应用的一门科学与技术。从这个定义中可以看出地理信息工程是对空间信息进行获取、智能抽象、存储、管理、分析、处理、可视化及其应用的一门科学与技术。

2）地理空间信息系统工程技术是在电子计算机技术、通信网络技术和地理空间信息技术的支持下，运用信息科学和系统工程理论和方法，描述和表达地球数据场和信息流的技术，是地理空间信息感知、采集、传输、存储与管理、分析、可视化与应用技术的总称。

3）地理信息系统工程是指应用GIS的理论和方法，结合计算机技术、现代测绘技术等，用于解决具体应用的软件系统工程。地理信息工程的开发建设和应用包括系统的最优设计、运行管理，以及资源配置管理，需要管理学、系统运筹学、软件工程等学科知识，因此称作一项系统工程。

4）GIS工程是应用系统原理和方法，针对特定的实际应用目的和统筹设计、优化、建设、评价、维护实用GIS系统的全部过程和步骤的统称。

前两个定义了地理信息系统工程技术，基本相同；后两个定义了地理信息系统工程，由于角度不同，稍有差别。

综合起来，本书认为地理信息系统工程是针对用户特定的实际应用目的和要求，应用GIS的理论和方法，结合计算机技术、现代测绘技术等，为用户建设一套管理和应用相关地理信息的计算机系统的工程。

简单地说地理信息系统工程是一项综合运用GIS技术应用地理信息的工程。从系统工程的角度看，地理信息系统工程就是为特定的应用目标而建立地理信息系统的一项系统工程。

传统的工程学科，如水利工程、电力工程、建筑工程等，以及现代的工程学科，如气象工程、生物工程、计算机工程、软件工程等，是人类社会发展和技术进步的保障，而GIS工程是当今信息产业的支柱，它为地学、土地科学与管理、资源环境、城市规划与管理、国防军事等学科的研究，提供有效的技术支撑，为国民经济各部门的预测、规划与决策提供科学依据，在解决当今人口、资源、环境与社会经济的可持续发展以及在全球变化研究和对策制定中发挥着重要作用。

GIS工程是一项新型的工程，迫切需要相应的理论和方法的指导，GIS工程的研究在促进GIS的推广应用方面具有十分重要的意义。

## 2. 地理信息工程的内容

### （1）GIS工程工作内容

GIS工程主要涉及到GIS工程的规划与组织、方案总体设计和详细设计、系统开发和测试、系统运行和维护等诸多方面。虽然GIS工程有很多种类，应用领域也不同，但是其建设过程和规范基本一致。

具体包括下述工作。

1）根据项目要求，进行需求调查与分析，确定地理信息系统的建设原则、定位与时间基准，明确运行的地理数据，制定系统更新策略与管理机制。

2）根据项目要求进行数据库设计，完成概念设计、逻辑结构设计、物理设计、数据字典设计、符号库设计、元数据库设计和数据库更新设计。

3）根据系统设计，进行平台选择、软件开发和集成，进行样例数据的小区试验和系统功能的测试。

4）根据项目要求和条件，实施数据库构建，进行数据准备、数据库模式创建、数据入库和质量检验工作。

5）实施地理信息系统的整体测试、部署、交付与评价，并进行系统的运行、管理与维护。

概括起来主要包括以下两项工作。

1）GIS工程规划与组织——业务工作。GIS工程规划与组织是指GIS工程项目的规划、组织、管理、质量和进度控制以及项目验收等全过程。主要涉及以下几个方面：确定工程项目的总体目标，可行性方案论证（包括现有技术、数据、人员、经费、风险等），招投标的组织与实施，系统开发组织和管理，系统运行与验收等。

2）GIS工程设计与建设——技术工作。当该工程项目通过立项、审批、招投标以及签订开发合同后，则进入到项目的设计与开发阶段。整个阶段包括需求分析、总体设计、详细设计、编码实现、空间数据采集、空间数据建库、系统测试和运行等。

**（2）GIS工程建设内容**

GIS工程建设涉及因素众多，概括起来可以分为硬件、软件、数据及人。①硬件是构成地理信息系统的物理基础，包括计算机、图形图像输入/输出设备、网络设备等。②软件是地理信息系统的驱动模型，包括系统软件、地理信息系统基础软件和各种应用软件等。③数据是地理信息系统的血液和处理对象，也是地理信息系统效益和价值的体现，包括基础数据和各种专题数据等。④人员是地理信息系统的灵魂，包括系统的开发者（最高管理者和一般管理者、工程技术人员）和直接用户和潜在用户等。

其中，软件构筑于硬件之上，数据依赖于软件而存在，人员的作用贯穿于整个地理信息系统工程之中。地理信息系统工程不管多么复杂，都由硬件、软件、数据和人员等四大要素构成。因此，地理信息系统工程或GIS建设包括下述4个项目。

GIS硬件建设：GIS的硬件绝大部分是计算机的硬件和外围设备，个别硬件需要研制。所以，该项子工程的主要任务是根据GIS工程设计，选购满足GIS功能要求和性能指标的硬件，并进行安装和调试。

GIS软件开发：该项子工程主要是根据GIS工程设计的要求进行GIS的详细设计，并选择合适的方法进行程序编写。

GIS数据采集：该项子工程主要是根据GIS工程设计要求的数据内容和格式，进行GIS空间数据和属性数据的采集，并进行GIS数据处理与建库。

GIS用户培训：主要是培训GIS用户使其掌握GIS工程的基础知识、软件使用方法和系统维护技术。

地理信息工程不同，各项建设项目所占的投资比例或工作量也不相同。例如在应用于城市规划的地理信息工程中，GIS软件开发占主要投资；在应用于土地管理的地理信息工程中，GIS数据采集占绝大部分投资。工程最主要的建设内容为软件系统和地理数据两个方面，所以，本书主要介绍软件设计与开发工程和数据采集与建库工程，这两项子工程以及GIS用户培训，GIS硬件建设不做专门介绍。

**3. 地理信息工程的流程**

**（1）GIS工程工作流程**

尽管GIS的种类繁多、应用领域广泛、技术要求相差较大、没有一成不变的模式可供使用，然而无论何种GIS，按照工程化的思想进行划分，GIS工程的生存周期或建立的过程基本上都可划分为：前期工程（工程立项与招投标、系统调查分析）、设计工程（系统总体设计）、数据工程（数据采集与数据库建设）、工程实施（系统开发与实施）、维护工程（系统维护和评价）等5个阶段。即在用户需求调研报告的基础上，对系统进行总体设计，并制定系统工程建设的实施方案。以总体设计和实施方案为纲领，实施系统的详细设计、数据整理分析和开发测试工作。在系统开发完成之后进行系统试运行、完善系统及系统安装运行。

GIS工程可详细分以下几个阶段实施：工程立项与投标、GIS系统分析、GIS工程总体设计、软件开发、数据采集与处理、数据入库和系统运行与维护，如图1-1所示。这些阶段并不是严格的线性顺序关系，有些阶段往往可同时进行。

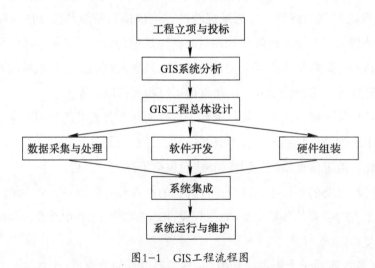

图1-1　GIS工程流程图

1）工程立项与投标：用GIS的功能及其在国内外的成功范例，说明该项目所需的费用和项目对用户的意义。

2）GIS系统分析：调查用户要求管理的对象以及对系统功能的要求。

3）GIS工程总体设计：确定地理底图制作的精度和方法、管理对象信息的调查内容和方法、系统软件开发的方式和方法、数据入库的方案和系统运行与维护的方案。

4）软件开发：系统的详细设计和具体开发。

5）硬件组装：购买和安装GIS所需的硬件。

6）数据采集与处理：GIS数据采集与建库、地理底图制作或基础地理数据库建设。

7）系统集成：将系统硬件、软件、数据融为一体。

8）系统运行与维护：系统的正常运行和系统信息的更新。

具体地说，在工程立项与招投标后，应根据用户调查、需求分析和可行性分析，结合地理数据采集与更新情况，进行系统的总体设计和详细设计；根据设计要求建立集成化软硬件环境，进行数据库模式设计，开发系统功能模块，将各种数据在经过入库检查和数据处理后加载到数据库中，并进行数据集成和功能集成；对不同类型的用户，分别进行系统细致的培训；经系统测试、数据库验收后，开始系统的运行、服务和维护、更新。

**（2）GIS软件开发工作流程**

GIS工程最主要的建设内容是GIS应用系统开发和空间数据库建设，其主体属于软件工程的范畴，可以通俗地理解为计算机软件系统开发和数据库工程建设，其设计和开发过程与传统的工程设计和开发过程有诸多相似之处，同时又有软件开发和设计的特点，最主要的是必须遵循软件工程的方法和原理，主要包括需求分析、系统设计、功能实现、系统使用和维护等过程，它们对应于软件开发活动的不同阶段，在开发过程中每个阶段必须遵照相应的规范进行，以保障整个系统的成功开发和运行。

GIS工程的核心是GIS软件系统的设计与建设，其工作流程如图1-2所示。

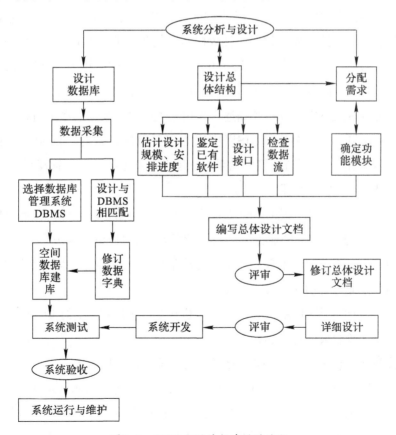

图1-2 GIS工程设计与建设的流程

**4. 地理信息系统工程的特性**

GIS工程作为一个特殊的工程，它既有软件工程的共性，同时具有自身的特殊性：①地理信息系统工程面向具体应用，解决具体问题，因此具有较好的实用性；②地理信息系统工程具有行业应用特点，同一数据在不同行业应用中，对数据的组织不尽相同；③地理信息系统工程数据结构和算法复杂。空间数据海量、多类型、多尺度等复杂性，导致地理信息系统工程数据结构复杂，算法难度较大。

GIS工程具有一定的广泛性。它是系统原理和方法在GIS工程建设领域内的具体应用。它的基本原理是系统工程，即从系统的观点出发，立足于整体，统筹全局，又将系统分析和系统综合有机地结合起来，采用定量的或定性与定量相结合的方法，提供GIS工程的建设模式。

GIS工程又具有相对的针对性。GIS工程总是面向具体的应用而存在，它伴随着用户的背景、要求、能力、用途等诸多因素而发生变化。这一方面说明GIS具有很强的功用性，另一方面则要求从系统的高度抽象出符合一般GIS工程设计和建设的思路和模式，用以指导各种GIS工程建设。

GIS工程具有下述特点。

1）GIS处理的空间数据，具有数据量大、实体种类繁多、实体间的关联复杂等特点。从内涵上讲，GIS包含有图形数据、属性数据、拓扑数据；从形式上讲，包含有文本数据、图形数据、统计数据、表格数据，且数据结构复杂。所有数据皆以空间位置数据为主要核心，在图形数据库和属性数据库间相互联系，且以空间分析为主。因此，在GIS设计过程中，不仅需要对系统的业务流进行分析，更重要的是必须对系统所涉及的地理实体类型以及实体间的各种关系进行分析和描述，采用相关的地理数据模型进行科学的表达。

2）以应用为主，类型多样。GIS以应用为主要目标，针对不同领域，具有不同的GIS，如土地信息系统、资源与环境信息系统、辅助规划系统、城市管理系统。不同的GIS具有不同的复杂性、功能和要求。

3）GIS工程设计不仅要考虑GIS的功能设计（空间数据管理、可视化和空间分析等功能），还需要考虑与GIS相关的业务办公自动化的功能，即如何将GIS嵌入OA的问题。例如，在设计地籍信息系统时，不仅要考虑对地籍信息管理的功能，也要考虑与地籍信息密切相关的土地登记业务自动化办公的需要。

4）横跨多学科的边缘体系。GIS是由计算机科学、测绘科学、地理科学、人工智能、专家系统、信息学等组成的边缘学科。

上述特点决定了GIS工程是一项十分复杂的系统工程，投资大、周期长、风险大、涉及部门繁多。它既具有一般工程所具有的共性，同时又具有自己的特殊性。在一个具体的GIS开发建设过程中，需要领导层、技术人员、数据拥有单位、各用户单位与开发单位的相互协同合作，涉及到项目立项、系统调查、系统分析、系统设计、系统开发、系统运行和维护多阶段的逐步建设，需要进行资金调拨、人员配置、开发环境策划、开发进度控制等多方面的组织和管理。如何形成一套科学高效的方法，发展一套可行的开发工具，进行GIS的开发和建设，是获得理想GIS产品的关键和保证。

### 5. 地理信息系统工程的影响因素

GIS工程涵盖范围很广，它贯穿工程设计、优化、建设、评价、维护更新等全过程，并综合考虑人的因素、物的因素，做到"物尽其用，人尽其能"，以最小的代价取得最佳的收益。

GIS的核心是软件，在很大程度上是计算机软件系统，它在软件设计和实现上要遵循软件工程的原理，研究软件开发的方法和软件开发工具，争取以较少的代价获取用户满意的软件产品。

越来越多的机构都在开发GIS，但是根据调查，有大量的GIS系统不能真正地完成并正常运行。对于地理信息工程建设来说，下述6个要素具有重要的影响意义。

1）具有远见。对于地理信息系统的开发者，如果他没有关于地理信息工程开发的目标、目的和任务，而只是根据地理信息系统的名字去购买地理信息系统的硬件和软件来组织构造自己的地理信息系统，那么，地理信息系统在他手里只是一种玩具。

2）具有长期规划。地理信息系统是一种长期的工程项目，一般来说，地理信息系统的运行周期至少有10年的时间，因此，应当具有一个保证地理信息系统的数据更新、模型改进以及软件版本升级的长期预算。

3）具有决策者的有效支持。应当避免对于地理信息系统开发工程负责人的随意任免，以保证地理信息系统工程的顺利进行。

4）具有系统分析方法。运用系统分析方法，从地理信息系统的整体与全局观念出发，将系统分解和系统综合有机地结合起来，并利用定性和定量相结合的方法，为地理信息系统工程开发提供正确模式。

5）具有专业知识。对于地理信息系统的硬件和软件的正确使用，应当具备有关地理信息系统的专业知识，应当进行咨询，并邀请有关专家对地理信息系统的开发工程计划进行评估。

6）广泛吸取用户的意见。用户对使用地理信息系统的建议和意见，对于地理信息系统的开发和建设具有重要意义。为争取更多的用户，应积极组织有关地理信息系统应用的培训工作，并提供良好的用户使用手册。

### 6. 地理信息系统工程的发展

近年来，GIS理论和技术日益成熟完善，在社会、经济、生活中应用的深度和广度不断加强：从最初的简单绘制静态电子地图到进行动态监测和分析；从单纯的地理数据管理到规划辅助决策；从GIS信息孤岛到网络化GIS及可互操作GIS；从政府GIS、企业GIS到社会GIS等，目前已被广泛应用于资源调查、环境评估、灾害预测、国土管理、城市规划、邮电通信、交通运输、军事公安、水利电力、公共设施管理、农林牧业、统计、商业金融等几乎所有领域。也就是说，几乎所有领域里都有GIS工程的建设领域。

随着GIS朝着社会化和产业化方向的发展，社会生产各部门、科研单位等GIS用户都迫切希望能尽快将先进的理论成果、管理模式转化为生产力，真正利用GIS实现高效的信息管理和决策辅助。而GIS工程正是连接上述理论与实践之间的桥梁，是GIS应用的具体实现。

GIS的建设和运行是一个相对复杂的系统工程，既涉及到需求分析、系统设计、软件研制、数据建库、系统集成等诸多技术环节，也牵涉到用户自身业务重组、研制方和用户方之间的协作、系统运行的制度保障等非技术因素。另外，GIS工程是一个综合工程，需要GIS专业、测绘专业、地理专业、计算机专业和用户专业等几方面的知识，需要以上各方面的技术人才协同作战，才能较为顺利地实施。为此需要运用软件工程学的思想和方法，并结合地理信息自身的特点和相关理论，制定出详尽的设计、计划、实施以及项目管理方案，从而保证工程的质量，提高工程效率，降低工程成本。

近10年来，中国的GIS技术应用出现了快速增长，但是一个不容忽视的现象是仍有一些GIS项目实施过程并不顺利，表现在系统难以达到预定的目标；有些项目即使完成了开发、测试和安装，用户方面仍然难以投入使用。可以说，国内不少GIS项目在组织管理、投资决策、需求分析、系统定位、策略规划等方面或多或少都存在隐患，项目的实施、应用和管理面临诸多挑战。陈述彭曾系统地总结了造成GIS失败的六大要素：缺乏远见、缺乏长期规划、缺乏系统分析、缺乏用户介入、缺乏专业知识、缺乏决策者的有效支持。还存在一些常见的项目管理问题，如系统可行性研究和系统评估的形式化、全面而通用的系统规划、过高的设计目标、过于追求系统的标准化和先进性、夸大GIS的作用和效益等。另外GIS没有很好地与OA结合，从而不能为用户的日常事务管理提供服务，也是GIS技术应用失败的重要原因之一。如图1-3所示。

总之，GIS工程管理知识对于GIS应用不仅是必要的，而且是必需的。

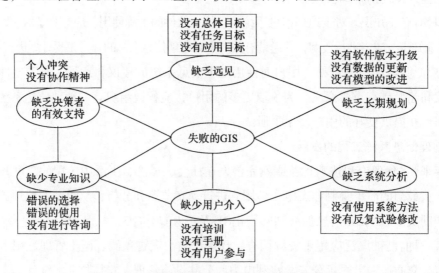

图1-3 地理信息系统开发失败的要素构成图

# 1.2 GIS工程的框架

## 1.2.1 霍尔三维结构模式简介

1969年A.D.霍尔（A.D.HILL）的三维结构模式的出现，为解决大型复杂系统的规划、组织、管理问题提供了一种统一的思想方法，因而在世界各国得到了广泛应用。

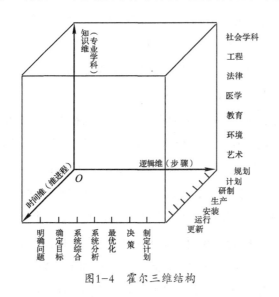

图1-4 霍尔三维结构

如图1-4所示，霍尔三维结构是由时间维、逻辑维和知识维组成的立体空间结构，这些内容几乎覆盖了系统工程理论方法的各个方面。三维结构体系形象地描述了系统工程研究的框架，对其中任一阶段和每一个步骤，又可进一步展开，形成了分层次的树状体系。

霍尔三维结构是将系统工程整个活动过程分为前后紧密衔接的7个阶段和7个步骤，同时还考虑了为完成这些阶段和步骤所需要的各种专业知识和技能。这样，就形成了由时间维、逻辑维和知识维所组成的三维空间结构。其中，时间维表示系统工程活动从开始到结束按时间顺序排列的全过程，分为规划、拟订方案、研制、生产、安装、运行、更新7个时间阶段。逻辑维是指时间维的每一个阶段内所要进行的工作内容和应该遵循的思维程序，包括明确问题、确定目标、系统综合、系统分析、最优化、决策、实施计划7个逻辑步骤。知识维列举需要运用包括社会学科、工程、法律、医学、教育、环境、艺术等各种知识和技能。

运用系统工程方法解决某一大型工程项目时，一般可分为下述7个步骤。

### 1. 明确问题

由于系统工程研究的对象复杂，包含自然界和社会经济各个方面，而且研究对象本身的问题有时尚不清楚，如果是半结构性或非结构性问题，也难以用结构模型定量表示。因此，系统开发的最初阶段首先要明确问题的性质，特别是在问题的形成和规划阶段，搞清楚要研究的是什么性质的问题，以便正确地设定问题，否则，以后的许多工作将会劳而无功，造成很大浪费。国内外学者在问题的设定方面提出了许多行之有效的方法，主要有下述几种。

1）直观的经验方法。这类方法中，比较知名约有头脑风暴法（Brain Storming，又称智暴法）、5W1H法、KJ法等，日本人将这类方法叫作创造工程法。这一方法的特点是总结人们的经验，集思广益，通过分散讨论和集中归纳，整理出系统所要解决的问题。

2）预测法。系统要分析的问题常常与技术发展趋势和外部环境的变化有关，其中有许多未知因素，这些因素可用打分的办法或主观概率法来处理。预测法主要有德尔菲法、情景分析法、交叉影响法、时间序列法等。

3）结构模型法。复杂问题可用分解的方法，形成若干相关联的相对简单的子问题，然后用网络图方法将问题直观地表示出来。常用的方法有解释结构模型法（I5M法）、决策实验室法（DEMATEL法）、图论法等。其中，用图论中的关联树来分析目标体系和结构，可以很好地比较各种替代方案，在问题形成、方案选择和评价中是很有用的。

4）多变量统计分析法。用统计理论方法所得到的多变量模型一般是非物理模型，对象也常是非结构的或半结构的。统计分析法中比较常用的有因子分析法、主成分分析法等，成组分析和正则相关分析也属此类。此外，还有利用行为科学、社会学、一般系统理论和模糊理论来分析，或几种方法结合起来分析，使问题明确化。

**2. 确定目标——建立价值体系或评价体系**

评价体系要回答以下一些问题:评价指标如何定量化，评价中的主观成分和客观成分如何分离，如何进行综合评价，如何确定价值观问题等。行之有效的价值体系方法有下述几种。

1）效用理论。该理论是从公理出发建立的价值理论体系，反映了人的偏好，建立了效用理论和效用函数，并发展为多属性和多隶属度效用函数。

2）费用/效益分析法。多用于经济系统评价，如投资效果评价、项目可行性研究等。

3）风险估计。在系统评价中，风险和安全性评价是一个重要内容，决策人对风险的态度也反映在效用函数上。在多个目标之间有冲突时，人们也常根据风险估计来进行折衷评价。

4）价值工程。价值是人们对事物优劣的观念准则和评价准则的总和。例如，要解决的问题是否值得去做，解决问题的过程是否适当，结果是否令人满意等。以生产为例，产品的价值主要体现在产品的功能和质量上，降低投入成本和增加产出是两项相关的准则。价值工程是个总体概念，具体体现在设计、制造和销售各个环节的合理性上。

### 3. 系统分析

不论是工程技术问题还是社会环境问题，系统分析首先要对所研究的对象进行描述，建模的方法和仿真技术是常采用的方法，对难以用数学模型表达的社会系统和生物系统等，也常用定性和定量相结合的方法来描述。系统分析的主要内容涉及以下几方面。

1）系统变量的选择。用于描述系统主要状态及其演变过程的是一组状态变量和决策变量，因此，系统分析首先要选择出能反映问题本质的变量，并区分内生变量和外生变量，用灵敏度分析法可区别各个变量对系统命题的影响程度，并对变量进行筛选。

2）建模和仿真。在状态变量选定后，要根据客观事物的具体特点确定变量间的相互依存和制约关系，即构造状态平衡方程式，得出描述系统特征的数学模型。在系统内部结构不清楚的情况下，可用输入输出的统计数据得出关系式，构造出系统模型。系统对象抽象成模型后，就可进行仿真，找出更普遍、更集中和更深刻反映系统本质的特征和演变趋势。现已有若干实用的大系统仿真软件，如用于随机服务系统的GPSS软件，用于复杂社会经济系统仿真的系统动力学（SD）软件等。

3）可靠性工程。系统可靠性工程是研究系统中元素的可靠性和由多个元素组成的系统整体可靠性之间的关系。一般讲，可靠的元件是组成可靠系统的基础，然而，局部的可靠性和整体可靠性间并非简单的对应关系，系统工程强调从整体上来看问题。在40年代，冯·诺依曼（Von Neumann）开始研究用重复的不那么可靠的元件组成高度可靠系统的问题，并进行了可靠性理论探讨。钱学森教授也提出，现在大规模集成电路的发展使元器件的成本大大降低，如何用可靠性较低的元器件组成可靠性高的系统，是个很有现实意义的问题。近年来，已采用的可靠性和安全性评价方法有FTA或ETA等树状图形方法。

### 4. 系统综合

系统综合是在给定条件下，找出达到预期目标的手段或系统结构。一般来讲，按给定目标设计和规划的系统，在具体实施时，总与原来的设想有些差异，需要通过对问题本质的深入理解，做出具体解决问题的替代方案，或通过典型实例的研究，构想出系统结构和简单易行的能实现目标要求的实施方案。系统综合的过程常常需要有人的参与，计算机辅助设计（CAD）和系统仿真可用于系统综合，通过人机的交互作用，输入人的经验知识，使系统具有推理和联想的功能。近年来，知识工程和模糊理论已成为系统综合的有力工具。

### 5. 最优化——系统方案的优化选择

在系统的数学模型和目标函数已经建立的情况下，可用最优化方法选择目标值、最优的控制变量值或系统参数。所谓优化，就是在约束条件规定的可行域内，从多种可行方案或替代方案中得出最优解或满意解。实践中要根据问题的特点选用适当的最优化方法，目前应用最广的仍是线性规划和动态规划，非线性规划的研究很多，但实用性尚有待改进，大系统优化已开发了分解协调的算法。其中，组合优化适用于离散变量，整数规划中的分支定界法，逐次逼近法等的应用也很广泛。多目标优化问题的最优解处于目标空间的非劣解集上，可采用人机交互的方法处理所得的解，最终得到满意解。当然，多目标问题也可用加权的方法转换成单目标来求解，或按目标的重要性排序，逐次求解，例如目标规划法。

### 6. 决策

"决策就是管理""决策就是决定"，人类的决策管理活动面临着被决策系统的日益庞大和日益复杂的问题。

决策又有个人决策和群体决策、定性决策和定量决策、单目标决策和多目标决策之分。战略决策是在更高层次上的决策。在系统分析和系统综合的基础上，人们可根据主观偏好、主观效用和主观概率做决策。决策的本质反映了人的主观认识能力，因此，就必然受到人的主观认识能力的限制。近年来，决策支持系统受到人们的重视，系统分析者将各种数据、条件、模型和算法放在决策支持系统中，该系统甚至包含了有推理演绎功能的知识库，使决策者在做出主观决策后，力图从决策支持系统中尽快得到效果反应，以求得到主观判断和客观效果的一致。决策支持系统在一定条件下起到决策科学化和合理化的作用。但是，在真实的决策中，被决策对象往往包含许多不确定因素和难以描述的现象，例如，社会环境和人的行为不可能都抽象成数学模型，即使是使用了专家系统，也不可能将逻辑推演、综合和论证的过程做到像人的大脑那样，有创造性的思维，也无法判断许多随机因素。群体决策有利于克服某些个人决策中主观判断的失误，但群体决策过程比较长。为了实现高效率的群决策，在理论方法和应用软件开发方面，许多人做了大量工作，如多人多目标决策理论、主从决策理论、协商谈判系统、冲突分析等，有些应用软件已实用化。

### 7. 制定计划

有了决策就要付诸实施，实施就要依靠严格的有效的计划。

以工厂为例，为实现工厂的生产任务和发展战略目标，就要制定当年的生产计划和未来的发展规划。厂内还要按厂级、车间级和班组级分别制定实施计划。一项大的开发项目，涉及设计、开发、研究和施工等许多环节，每个环节又涉及组织大量的人、财、物。在系统工程中常用的计划评审技术（PERT）和关键路线法（CPM）在制定和实施计划方面起了重要的作用。

## 1.2.2　地理信息工程的三维结构

GIS工程是以空间信息技术为支撑，以业务活动为主体，以现代化管理为指导思想的一项全新的、复杂的系统化工程。要对此项工程进行系统化的管理，不仅仅要依靠成熟的技术和方法，并且还要结合此类项目工程的社会、经济和文化的背景才能使项目取得成功。因此，GIS工程也是一项大型复杂的系统工程，其框架结构也是多维的，符合A.D.霍尔（A.D.HILL）的三维结构。GIS工程三维结构体系（见图1-5）可由时间维、逻辑维和知识维构成。

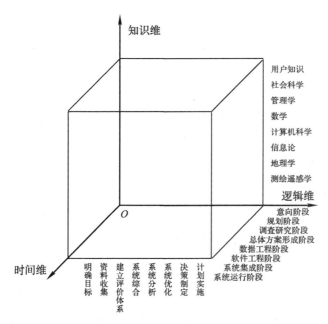

图1-5　GIS工程三维结构体系

**1. 地理信息工程的时间维**

时间维反映了系统实现的过程，一项GIS工程项目，从制定规划起一直到完全交付用户使用为止，全部过程可分为8个阶段。

1）意向阶段——根据开发者与合作者双方意向，达成建立GIS系统的共识。

2）规划阶段——按用户要求提出系统目标，制定规则。

3）调查研究阶段——进行系统可行性调查，根据规划进行各种指标设计。

4）总体方案形成阶段——根据以上阶段综合形成总体方案，指导下一步工作。

5）数据工程阶段——收集资料，空间数据库设计，数据采集、处理与建库。

6）软件工程阶段——进行系统详细设计，编写代码，开发软件。

7）系统集成阶段——硬、软件调试、联网、试运行；将系统安装完毕，并完成系统的运行计划。

8）系统运行阶段——系统按照预期的用途开展服务，系统维护、更新、消耗。

**2. 地理信息工程的逻辑维**

逻辑维表示了用系统工程方法解决问题的步骤，参照时间维的分布，可大致分为：明确目标、资料收集、建立评价体系、系统综合、系统分析、系统优化、决策制定、设计实施。

（1）**明确目标**

由于GIS工程研究的对象复杂，包含工程技术和社会、经济各个方面，而且研究对象本身的问题有时尚不清楚，如果是半结构性或非结构性问题也难以用结构模型定量表示。因此，系统开发的最初阶段首先要明确问题的性质，特别是在问题的形成和规划阶段，搞清楚要研究的是什么性质的问题，以便正确的设定问题，否则，以后的许多工作将会劳而无功，造成很大浪费。国内外学者在问题的设定方面提出了许多行之有效的方法，主要有直观的经验方法、预测法、结构模型法、多变量统计分析法等。由于GIS工程应用的广泛性，其涉及的领域多样，且有很多方面很难用具体定量的指标进行描述、抽象，因此，适合GIS工程的方法一般有下述几种。

1）直观的经验方法。

2）结构模型法。

3）多变量统计分析法。

上述方法在前文已有介绍，在这里不再赘述。

（2）**资料收集**

在明确目标的基础上，组织人力收集相关的资料。资料的加工结构即为GIS工程中流动的数据，数据的抽象结果形成信息。同时，资料的收集也为后期指标的设计准备了充足的素材。

资料的收集要注意下述几个问题。

1）资料是否可靠。资料的高可靠性是资料价值的重要体现，只有可靠的资料才能反映出真实的事物本质。

2）资料是否现势。信息系统是有很强的时效性的，保持资料的现实性才能保证信息的现实性。

3）资料是否权威、合法。这是保证信息的权威性、公正性、合理性、合法性的前提。

（3）**建立评价体系**

评价体系要回答以下一些问题：评价指标如何定量化，评价中的主观成分和客观成分如何分离，如何进行综合评价，如何确定价值观问题等。行之有效的价值体系方法有下述几种。

1）效用理论。该理论是从公理出发建立的价值理论体系，反映了人的偏好，建立了效用理论和效用函数，并发展为多属性和多隶属度效用函数。

2）费用/效益分析法。多用于经济系统评价，如投资效果评价、项目可行性研究等。

3）风险估计。在系统评价中，风险和安全性评价是一个重要内容，决策人对风险的态度也反映在效用函数上。在多个目标之间有冲突时，人们也常根据风险估计来进行折衷评价。

GIS工程一般是巨额投资系统，用户往往在巨额面前产生犹豫、动摇，因此，必须建立科学的、有说服力的评价体系，打消用户的顾虑，同时也取得系统目标的优化。

（4）系统综合

系统综合是指在给定条件下，达到找到预期目标的手段或系统结构。一般来讲，按给定目标设计和规划的系统，在具体实施时总与原来的设想有些差异，需要通过对问题本质的深入理解，做出具体解决问题的替代方案，或通过典型实例的研究，构想出系统结构和简单易行的能实现目标要求的实施方案。

GIS工程中，系统综合往往需要多次的反复，这需要结合用户的需求，借助计算机工具完成，GIS工程中通常采用完成某个小规模应用模块或样区试验达到经验的系统结构及实施方案，进而推广到全部系统领域。

（5）系统分析

不论是工程技术问题还是社会环境问题，系统分析首先要对所研究的对象进行描述，建模的方法和仿真技术是常采用的方法，对难以用数学模型表达的社会系统和生物系统等，也常用定性和定量相结合的方法来描述。系统分析的主要内容涉及下述几方面。

1）系统变量的选择。用于描述系统主要状态及其演变过程的是一组状态变量和决策变量。因此，系统分析首先要选择出能反映问题本质的变量，并区分内生变量和外生变量，用灵敏度分析法可区别各个变量对系统命题的影响程度，并对变量进行筛选。

2）建模和仿真。在状态变量选定后，要根据客观事物的具体特点确定变量间的相互依存和制约关系，即构造状态平衡方程式得出描述系统特征的数学模型。在系统内部结构不清楚的情况下，可用输入输出的统计数据得出关系式，构造出系统模型。系统对象抽象成模型后就可进行仿真，找出更普遍、更集中和更深刻反映系统本质的特征和演变趋势。

（6）系统优化

所谓优化，就是在约束条件规定的可行域内，从多种可行方案中得出最优解或满意解。

实践中要根据问题的特点选用适当的最优化方法。对于容易抽象的数学模型和目标函数的小型实用系统可以采用线性规划和动态规划的方法。但对于大型复杂的应用系统，则可采用组合优化的方法或逐次逼近法。另外，GIS工程往往是多目标的，可以将多目标的问题加权转换成单目标求解或按目标的重要性排序，逐次求解。

（7）决策制定

在系统分析和系统综合的基础上，人们可根据主观偏好、主观效用和主观概率做决策，决策的本质反映了人的主观认识能力。因此就必然受到人的主观认识能力的限制。近年来，决策支持系统受到人们的重视，系统分析者将各种数据、条件、模型和算法放在决策支持系统中，该系统甚至包含了有推理演绎功能的知识库，使决策者在做出主观决策后，力图从决策支持系统中尽快得到效果反应，以求得到主观判断和客观效果的一致。决策支持系统在一定条件下起到决策科学化和合理化的作用。但是在真实的决策中，被决策对象往往包含许多不确定因素和难以描述的现象，例如，社会环境和人的行为不可能都抽象成数学模型，即使是使用了专家系统，也不可能将逻辑推演、综合和论证的过程做到像人的大脑那样有创造性的思维，也无法判断许多随机因素。因此，GIS工程决策主张采用群决策方式，尽管这种方式决策周期长，但可以克服某些个人决策中主观判断的失误。

（8）**计划实施**

依据决策开始计划实施，由此转入GIS工程的具体建设过程。大型GIS工程开发，涉及设计、开发、测试、联网、试试行、维护等多个环节，每个环节又涉及组织大量的人、财、物。在具体实施中可以采用计划评审技术（PERT）和关键路线法（CPM）指导计划的实施。

### 3. 地理信息工程的知识维

GIS工程体系中的另一个特征——知识维——则表示GIS作为一个大型信息系统所可能涉及的领域。它随着系统的具体形态而变化。从总体来看可包括计算机科学、测绘遥感学、地理学、社会科学、用户知识、信息论、应用数学、管理科学等。

GIS是现代科学技术发展和社会需求的产物，是包括自然科学、工程技术、社会科学等多种学科交叉的产物。它将传统科学与现代技术相结合，为各种涉及空间数据分析的学科提供了新的方法，而这些学科的发展都不同程度地提供了一些构成地理信息系统的技术与方法。为了更好地设计和实施地理信息工程，有必要认识和理解与地理信息系统相关的学科。

（1）**测绘遥感学**

GIS与测绘学有着密切的关系。现代测绘学是研究地球有关的基础空间信息采集、处理、显示、管理和应用的科学与技术，测绘学科的应用范围和对象已从单纯的控制、测图扩大到国家经济、国防建设以及社会可持续发展中与地理空间信息有关的各个领域。测绘学及其分支学科，如大地测量学、摄影测量学、地图制图学等不但为GIS提供了高精度、快速、可靠、廉价的基础地理空间数据，而且其误差理论、地图投影与变换理论、图形学理论等许多相关的算法可直接用于GIS空间数据的变换处理，并促使GIS向更高层次发展。

遥感是一种不通过直接接触目标物而获得信息的一种新兴的探测技术。它作为一种空间数据采集手段已成为地理信息系统的主要信息源与数据更新手段。此外，GIS还可用于基于知识的遥感影像分析。总之，遥感与GIS都是地理信息应用的重要技术。

（2）**地理学**

地理学是以地域单元来研究人类居住的地球及其部分区域，研究人类环境的结构、功能、演化以及人地关系。在地理学研究中，空间分析的理论和方法为地理信息系统提供空间分析的基本观点与方法。

自然界与人类存在着深刻的信息联系，地理学家所面对的是一个形体的即自然的地理世界，而感受到的却是一个地理信息世界。地理研究实际上是基于这个与真实世界并存而且在信息意义上等价的信息世界，GIS提供了解决地理问题的全新的技术手段，即以地理信息世界表达地理现实世界，可以真实、快速地模拟各种自然的和思维的过程，对地理研究和预测具有十分重要的作用。如果说地图是地理学的第二代语言，那么地理信息系统就是地理学的第三代语言。

（3）信息论

信息论是研究信息的产生、获取、变换、传输、存贮、处理识别及利用的学科。地理信息作为一种信息，也遵循信息论的规律，所以研究地理信息工程，也应该具备信息论的知识。

（4）计算机科学

地理信息系统技术的创立和发展是与地理空间信息的表达、处理、分析和应用手段的不断发展分不开的。地理信息系统与计算机的数据库技术、计算机辅助设计技术、计算机辅助制图和计算机图形学等有着密切关系。计算机图形学是GIS图形算法设计的基础。数据库管理系统是各种类型信息系统包括GIS的核心，数据库的一些基本技术，如数据模型、数据存储、数据检索等，都在GIS中被广泛采用。

（5）数学

数学的许多分支，尤其是几何学、图论、拓扑学、统计学、决策优化方法等被广泛应用于GIS空间数据的分析。

（6）管理学

管理学的理论和技术可以广泛应用于地理信息的管理，也可应用于地理信息工程的管理。

（7）社会科学

地理信息的相互联系决定了对每一种地理信息的分析都需要地理信息及相关的知识。这些知识就包括社会科学，它包括环境科学、城市科学等。

（8）用户知识

用户知识是GIS应用领域的知识，GIS工程人员只有深入了解用户的知识才能与用户进行良好的沟通、全面掌握用户的需求。所以，它是GIS工程人员必须了解的知识，这有助于工程的设计与实施。

对于这些可能涉及的领域，必须有相应的人才储备作为保证才能使GIS工程向着科学的轨道前进。从根本上讲，GIS工程是计算机科学展开的。测绘遥感学为GIS工程提供基础空间数据。基础空间数据是其它空间数据的定位基础，同时由于它要素众多，逻辑关系复杂，应用频度极高，因而是GIS空间数据库中极为重要的数据库之一。从应用角度看，基础空间数据库广泛应用于规划设计、土方量算、竖向设计、工程选址等领域，这些是测绘基础理论在GIS中的体现。其它相关学科则为填充GIS工程所涉及的领域空白提供相应的服务。

GIS工程所研究的对象是由人工系统和自然系统组成的复合系统。显然，对自然地貌、人文特征信息的采集和描述属自然系统，而对社会、经济乃至政治方面的描述则属人工系统。GIS工程研究的人对自然的合理利用、改造是从系统的角度为人类对自然的贡献提供高科技的工具和手段。

GIS工程是实体设计和概念设计的有机统一体。实体设计是指对以物理状态存在的各系统组成要素进行统筹设计，在GIS工程中表现为计算机主体处理设备、数据输入输出设备、网络通信设备、运行环境设备等。系统的设计应充分考虑先进性、实用性、经济性、可靠性、适合国情的原则。系统的概念设计则是对组成系统的概念、原理、方法、计划、制度、程序等非物质实体的设计，其所涉及的范围属软科学体系，应遵循软科学设计的原理和准则。大型GIS工程的实体设计和概念设计是相互交融的。实体系统是概念系统的基础，而概念系统又往往对实体系统提供指导和服务，两者的完美设计才是工程的合理化表现。

### 1.2.3　GIS工程的子工程

GIS工程基本上都可划分为以下4个子工程：GIS规划设计工程（工程立项与招投标、系统调查分析和工程总体设计）、GIS数据工程（数据采集与数据库建设）、GIS软件工程（系统详细设计、开发与实施）、GIS维护工程（系统维护和评价以及用户培训）等。这4个子工程的关系如图1-6所示。

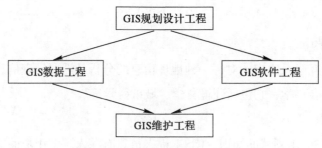

图1-6　GIS工程的子工程及其关系

#### 1. GIS规划设计工程

GIS工程规划阶段的工作包括GIS工程需求分析（具体包括工程立项、需求调查、系统分析）和GIS工程总体设计（具体包括GIS体系结构设计和工程建设方案设计）两个子阶段。系统需求分析阶段的需求功能分析、数据结构分析和数据流分析是系统总体设计的依据。系统需求分析阶段的工作是要解决"做什么"的问题，它的核心是对GIS进行逻辑分析，解决需求功能的逻辑关系及数据支持系统的结构，以及数据与需求功能之间的关系。系统总体设计阶段的核心工作是要解决"怎么做"的问题，研究系统由逻辑设计向物理设计的过渡，为系统实施奠定基础。在每个阶段，按照相应的规范进行工作，并得到该阶段的成果，是保证整个开发活动成功的关键。

（1）GIS工程需求分析

GIS工程是以工程立项开始的，GIS工程需求分析具体包括工程立项、需求调查、系统分析。

根据GIS工程建设的基本目标和技术要求，对国内外相关项目通过走访、交谈、函件往来、资料检索等方式进行调研，确定GIS在该领域应用的发展状况、存在问题，从而为GIS工程立项提供有价值的参考资料。GIS工程立项不仅要根据自身的需求说明立项的必要性或意义，而且还要根据自身和调研的情况说明GIS工程的可行性。

需求调查的任务不是具体解决问题，而是准确地确定GIS建设的目标和任务。用户了解他们所面临的问题，知道必须做什么，但是通常不能完整、准确地表达出来，也不知道怎样用GIS解决他们的问题。而GIS工程人员虽然知道怎样用GIS完成他们的提出的各种功能要求，但是，对用户的具体业务和需求不完全清楚，这是需求调查所要解决的问题。

GIS工程人员要和用户密切交流，充分理解用户的工作任务、业务流程，完整全面地收集、分析用户业务中的信息和处理要求，从中分析出用户要求的功能和性质，完整、准确地表达出来。

这一阶段要给出GIS工程立项报告和需求说明书。

（2）GIS工程总体设计

GIS工程总体设计具体包括GIS体系结构设计、应用模型设计和施工方案设计等。

1）GIS工程设计人员要把确定的用户需求转换成工程建设的体系结构，在该体系结构中，一方面要明确该体系中的地理空间信息和业务信息及其信息流，应用系统中的总体数据结构；另一方面要明确软件的结构，该结构由哪些模块组成，这些模块的层次结构是怎样的，这些模块的调用关系是怎样的，每个模块的功能是什么。

2）由于GIS工程具有交叉性、综合性的特点，所以GIS的应用领域相当广泛，而每种类型的GIS应用都有自己独自的特点，这个特点主要体现在应用领域模型的构建和实现上，所以在进行GIS工程总体设计阶段，一项重要的工作是针对特殊技术要求，运用并分析该领域的应用模型，设计与实现该应用模型的技术方法。

3）最后根据以上设计，规划设计GIS工程施工方案，它包括数据采集与建库方案、软件设计开发方案和系统集成测试方案以及试运行和培训方案等，以及以上各工程的衔接方案。

**2. GIS数据工程**

地理空间数据在GIS应用中占据最重要的地位。在GIS应用中，地理空间数据的投资比例在持续上升。一系列经验和教训证明对于一个城市、区域或国家，优先开发地理空间数据资源是推动GIS应用的正确策略。即使针对一个具体的GIS应用项目，数据资源的开发、维护、更新也是保证GIS成功应用的前提。

GIS数据工程解决GIS工程中数据库及其数据采集和处理的问题。

**（1）GIS数据库设计**

数据库是一个信息系统的基本且重要的组成部分。在GIS工程中，空间数据库发挥着核心的作用。数据库设计是指对于一个给定的应用环境，提供一个确定的最优数据模型与处理模式的逻辑设计，以及一个确定数据存储结构与存取方法的物理设计，建立能反映现实世界信息和信息联系，满足用户要求，又能被某个DBMS所接受，同时能实现系统目标并有效存取的数据库。

**（2）GIS数据采集**

GIS数据可从现有资料中采集，也可通过对地观测来采集，也可两者结合来采集。而对地观测采集又可分为以下3种方法：①以地图或影像为底图进行调绘的方法（例如电信设施调查和农村土地利用现状调查）。②大地测量的方法（城镇地籍调查和城市部件调查）。③遥感影像解译的方法（水资源调查和森林资源调查）。

**（3）GIS数据处理**

数据处理是指通过对已获得的或已有的数据进行各种编辑、整理、转换，使其符合GIS或空间数据库的要求的过程。

**3. GIS软件工程**

GIS软件工程是指按照总体设计通过详细设计程序编写和测试运行生产系统软件过程。

**（1）GIS软件详细设计**

详细设计阶段就是为每个模块完成的功能进行具体描述，要把功能描述转变为精确的、结构化的过程描述，即该模块的控制结构是怎样的，先做什么，后做什么，有什么样的条件判定，有什么重要处理等，并用相应的表示工具把这些控制结构表示出来。

**（2）GIS软件系统实现**

系统实现就是选择合适的GIS基础平台和开发语言环境实现详细设计，其中最主要的工作就是程序编制。程序编制就是把每个模块的控制结构转换成计算机可接受的程序代码，即写成以某特定程序设计语言标示的"原程序清单"。编写出的程序应是结构好、清晰易读，并且与设计相一致。

**（3）GIS系统集成测试**

测试是保证软件质量的重要手段，其主要方式是在设计测试用例的基础上检验软件的各个组成部分。测试分为模块测试、组装测试、确认测试。模块测试是查找各模块在功能和结构上的问题。组装测试是将各模块按一定的顺序组装起来进行测试，主要是查找各模块之间接口上存在的问题。确认测试是按软件需求说明书上的功能逐项进行的，发现不满足用户需求的问题，决定开发的软件是否合格、能否交付用户使用等。

系统集成就是在单元测试的基础上，将所有模块按照设计要求组装成一个完整的系统软件，然后将软件系统装入待运行的硬件系统，最后将数据导入系统，实现软件、硬件和数据的高度融合。

试运行是保证最终交付给用户的软件质量的重要手段，GIS软件试运行应由系统开发人员和用户共同进行。在试运行过程中要进行正确性完善和适应性完善。试运行的时间应视系统的规模和复杂程度而定，一般为1~3个月。

**4. GIS维护工程**

**（1）GIS维护工程主要包括数据库维护、软件维护和硬件维护**

GIS中的数据随着应用规模的日益扩大而迅速变化，不但基础地理信息，而且其他所有专题信息均需要经常地进行维护和更新。应根据系统的规模和实际需求，建立系统的数据维护更新机制，规定系统数据维护更新的周期，使系统的所有数据始终处于最新的状态。

软件维护是软件生存周期中时间最长的阶段。已交付的软件投入正式使用后，便进入软件维护阶段，它可以持续数年甚至数10年。软件运行过程中可能由于各方面的原因，需要对其进行修改。其原因可能是运行中发现了软件隐含的错误而需要修改，也可能是为了适应变化了的软件工作环境而需要做适当变更；也可能是因为用户业务发生变化而需要扩充和增强软件的功能等。

GIS维护工程应建立系统硬件设备的日常维护制度，根据设备的使用说明书进行及时的维护，以保证设备完好和系统的正常运行。

**（2）GIS安全与保密和GIS文档编写以及用户培训也是GIS维护工程的主要工作内容**

在GIS维护中，除了保障系统的正常运行外，还要考虑数据的安全和整个系统的安全，特别是在网络环境下共享信息时，这个问题显得更为重要。

在GIS工程建设过程中，自始至终贯穿着文档的设计和书写。文档是GIS工程化思想在工程建设中的具体体现，是整个软件的一个有机组成部分，同时它也是系统建设的重要成果和系统维护的重要依据。

GIS用户是GIS最终的使用者和评价者，但他们又不了解GIS，所以需要我们的GIS工程人员认真而耐心地教会他们。用户培训是从编写用户使用手册开始的，一本好的用户手册在用户培训中具有事半功倍的作用。一般说来，在试运行期间就可开展用户培训工作，试运行结束后用户基本就可掌握系统的操作了。

# 第2章 GIS系统需求分析

GIS系统需求分析是地理信息工程建设的重要一步，调研用户对GIS的需求和现有业务需求，以及用户现有数据基础，并形成用户需求调研报告，明确用户业务需求和系统需求，分析用户数据和系统现状，提出系统建设目标，分析系统建设的可行性。系统需求分析报告是系统总体设计和系统功能设计的依据，为下一步工作奠定基础。

## 2.1 GIS工程启动

### 2.1.1 GIS工程立项

GIS工程启动是GIS工程生命周期的第一阶段，其工作是规划性质的，所以，它属于GIS工程规划阶段。GIS项目启动阶段的主要工作包括：提出项目意向、撰写GIS工程立项报告、项目正式立项。具体的工作内容有下述几项。

1）提出口头的或书面的项目意向，获得组织的初步支持。受各种因素影响，组织内部有人提出项目意见，该建议获得部分部门、员工或管理层的认可，并获得管理层的初次承诺支持，项目建议人开始着手项目启动的准备工作。

2）项目准备与撰写GIS工程立项报告。进行各种相关的情报收集，包括参观访问已经运行项目、参加有关学术会议、物色临时项目组成员、聘请项目顾问、组织内部研讨会等，获取比较充足的项目信息，构思新的项目，撰写GIS工程立项报告。一般来讲，这个阶段的主要工作内容是进行项目的战略分析或企业战略分析，分析组织管理中存在问题、GIS的应用潜力，以及相应的解决方案，从而初步确定项目的目标和范围，并做出初步的可行性分析。

3）GIS工程立项报告的审批与项目立项。对于项目建议进行一定的宣传，争取同僚的理解和支持，最重要的是说服管理层接受项目建议，并正式审批GIS工程立项报告，对项目实施作出支持承诺。一般来讲，此时任命项目经理和项目组主要成员，将项目计划任务交给项目组完成。

项目组在启动阶段早期（项目建议阶段）的工作目标有下述几点。

a. 形成共同的构想、理念或使命，明确项目的背景、目的和目标；

b. 获得对于项目计划的认可，定义工作范围、项目组织，以及进度、费用和质量方面的限制和目标；

c. 让项目组运转起来，使项目组成员认同项目组的运作方式和交流渠道；

d. 引导项目组关注项目的意图和目标、达到项目目标的方法。

为达成这些目标，项目组可采用以下工作方式。

研讨会：主要人员参与，共同制定项目计划，讨论重要问题；

阶段总结：对前一阶段的工作进行总结、回顾，发现问题、提出建议；

外援帮助：邀请组织内部的专家、组织外部的顾问，或者类似项目团队的成员，协助启动项目。

项目启动阶段的工作对于项目全程具有非常重要的意义。①项目建议提出后，通过项目启动阶段的可行性研究，尽早决定是终止该项目提议还是接纳建议进行项目投资。如果没有很好地进行项目论证，就仓促投资，发现问题再终止，就会为组织带来一定数目的经济损失。②项目的资源是有限的，如果项目建议在技术、财务、组织方面是可行的，需要通过正式的GIS工程立项报告和其他相关的活动，说服组织高层支持该项目，并分配充足的资源。③该阶段要明确项目目的、目标和范围，为项目的中远期发展提供战略性的框架，为项目实验奠定组织、资源方面的基础；对于规模稍大、周期超过一两年的项目，进行战略规划是很有必要的。总而言之，项目启动虽然是管理中高层和少数精英人士的工作，但对于整个项目周期至关重要。

需要补充的是，项目具有3个层次：整体层、战略层和战术层。在整体层关注项目的目标和范围是否满足组织的使命、目标和战略，是否可以将项目/技术整合到组织背景和业务中；战略层主要思考如何达到项目目的和目标的中长期策略，是将组织目标转化为项目策略；而在战术层主要考虑如何通过计划使项目活动满足战略要求。项目的这三个层次既有密切联系，又有一定区别，一般来说，高层次主要面向项目的目标和最终成果，低层次面向具体工作。针对GIS项目管理，项目的三个层次在某种意义上对应于项目决策（项目启动或项目选择）、战略规划和项目实施。项目启动的核心是在项目整体层次上进行论证和决策。

在我国，影响一个组织机构GIS项目决策的内部因素和外部因素很多，例如下列因素。

1）管理需求：管理工作中产生的需求，如为改进业务处理效率、发生过灾害或事故后的经验教训等。

2）国家计划：上级的法令要求、统一部署或方案建议，如将某一行业GIS应用纳入国家的技术推广计划。

3）被说服：用户被商家、研究机构或咨询机构成功说服后，决定投资GIS。

4）跟随行动：用户跟随国外同行或国内技术领先者。

5）利益驱动：为获得信息的控制权，以此维护、谋取本组织的利益。

6）技术偏好：管理者对新技术的偏好。

7）竞争压力：面临竞争压力，如提升服务质量压力或降低成本的压力。

8）创新意识：一些组织机构在资金相对充裕，人才、设备、系统和数据方面有较好的基础时，往往具有很强的技术创新意识。

9）政策引导：国家在政策上鼓励使用信息技术，等等。

一般来说，前四项是促成中国GIS项目立项的重要原因。同样，也有一些阻碍GIS项目决策的因素。

1）组织的投资能力差。

2）组织内现有的信息技术环境差，如缺乏GIS/IT人才资源。

3）投资风险高，难以预估GIS的投资效益。

4）机构（特别市政府部门）的频繁调整造成组织的不稳定。

5）技术市场和数据市场不成熟，等等。

## 2.1.2　GIS工程立项报告

GIS工程立项报告又叫GIS项目建议书，它是由项目投资方向其主管部门上报的文件，目前广泛应用于项目的国家立项审批工作中。也可能是技术推广方向技术应用方提交的文件，目前广泛应用于技术推广领域，GIS工程就是一项将GIS技术推广到各行业和各部门的工程，需要GIS推广单位向GIS应用部门提交GIS工程立项报告。

GIS工程立项报告就是用GIS的功效及其在国内外的成功范例，说明该GIS工程对用户的意义和效率，目的是说服用户投资立项。

GIS工程立项报告是工程立项的关键，它通常是在花费资源很少的情况下撰写的，是项目发起人在经历参观学习、会议研讨、文献整理、行业协会或上级推荐之后，对于组织存在的问题、现有技术、解决方案等相关知识进行综合分析后得出的初步结论。一般来说，参与此过程的人数较少。所以GIS工程立项报告是概念性的、整体性的，是对项目范围和目标的初步界定，往往也进行初步的可行性分析，通常使用非技术性的语言和词汇。

GIS工程立项报告要从宏观上论述项目设立的必要性和可能性，把项目投资的设想变为概略的投资建议。GIS工程立项报告的呈报可以供项目审批机关做出初步决策。它可以减少项目选择的盲目性，为下一步可行性研究打下基础。GIS工程立项报告通常使用非技术性的语言说明项目投资的目的，明确项目的目标、范围、组织、费用、时间、效益、风险等因素，也对项目可行性进行分析；还可包括介绍有关的技术方法、应用实践情况。GIS工程立项报告可在实际情况下根据对工程的理解程度灵活编写，GIS工程立项报告是决定工程能否启动的最重要的决策依据。

GIS工程立项报告通常包含以下几部分：GIS技术简介，国内外成功的应用范例，项目的战略分析、确认存在的问题和提出解决方案，初步确定项目的目标和范围，对用户的应用效率，项目大致的运行方案做出初步的可行性分析。

1）GIS技术简介：用浅显易懂的语言让用户对GIS技术，尤其是GIS的功能有一个全面和基本的了解，引起用户的兴趣。

2）国内外成功的应用范例：介绍国外尤其是国内同类单位应用GIS的成功经验，特别是对用户带来的巨大效率。

3）对用户的应用效率：结合用户的具体情况和工作中存在的问题，介绍该项目的成功实施将会给用户带来的各种好处和效率。包括行业与组织存在问题、现行技术、解决方案、投资经验等。

4）项目大致的运行方案：项目范围、目标的定义。项目立项后，可大致分几个阶段完成，需要投入多少人力和物力，项目完工后的运行方式等。初步的可行性分析，包括技术、组织和财务方面的初步研究。

目前，编写时所存在的常见问题。

1）尽管GIS工程立项报告没有一个固定的模式和框架，但是其主要目的是让阅读者理解所建议的项目，获得共识进而达到审批的效果。因此撰写者应全面考虑到各方面的因素，力求从内容、形式和词语选择方面要符合阅读者的需要。

2）标准化的GIS工程立项报告格式，一般都详细地规定了有关的准则、项目的必要性和任务、项目所在地的地理条件和组织环境、环境影响评估、投资估算和筹资、经济评价、结论和建议等。

因此，在撰写GIS工程立项报告之前，应做好充足的准备工作。

1）准确定位项目目标和范围。结合组织的使命、目标和战略，根据组织对于引入技术的期望，明确提出项目的目的、目标和范围。

2）开发整体性的项目模型。项目模型是指使用可行性、性能、努力程度和竞争力指标，对项目范围、组织、费用、时间、质量5个要素进行平衡后，提出的一个项目计划概要。项目模型主要包括：①费用和时间约束，设置最高费用和最后期限；②设置系统性能，包括系统的主要功能、作用和运行指标。

3）定义项目组织。决定自行完成项目，还是将项目外包？项目组织形式如何？大型项目考虑建立项目指导委员会、项目决策小组、项目技术小组、项目管理办公室等类似的全职工作组或兼职组。还要任命项目经理，尽早任命项目经理对于项目规划和实施也很重要。

4）相对于用户，GIS技术具有一定的复杂性，有必要对技术问题进行探讨，包括文献回顾、技术方法、所需数据、相关经验等，以便于项目组、管理层对于项目技术有一个初步的理解和认知。

5）列出所有的开支项目，尽可能准确地估计所需的资源，以及预期的收益和组织变化。

当然GIS工程立项报告可根据实际情况灵活把握重点与非重点，与用户商讨制定。例如，根据国家的强制规定、行业的规范要求、组织管理文化、项目具体特征等，灵活地确定建议书的撰写内容。

撰写原则如下。

1）GIS工程立项报告应根据前期对用户进行的的调研工作最大程度的反映GIS用户的需求，实事求是地反映项目建议人的思路和建议，没有必要夸大或缩小一些数据。

2）编写GIS工程立项报告应结合现行的GIS技术设计合理的数据采集方案，并制定实用的GIS软件系统开发应用方案。

3）GIS工程立项报告一定要有说服力，在整个规划中要充分考虑到定义项目和初步分析项目的合理性和可行性。

4）合理协调项目所涉及到的各个部门，为项目的顺利进行奠定基础。

5）在解决用户问题的同时，也应说明当前GIS的局限性，避免高估目标，企图解决用户面临的所有问题。

GIS工程立项报告和可行性研究报告是有区别的，常常，GIS工程立项报告的批复是可行性研究报告的重要依据之一；可行性研究报告是GIS工程立项报告的后续文件之一。此外，在可行性研究阶段，项目至少有方案设计，市政、交通和环境等专业咨询意见也必不可少了。对于房地产项目，一般还要有详规或修建性详规的批复。此阶段投资估算要求较细，原则上误差在±10%。相应地，融资方案也要详细，每年的建设投资要落到实处，有银行贷款的项目，要有银行出具的资信证明。

很多工程在报立项时，条件已比较成熟，土地、规划、环评、专业咨询意见等基本具备，特别是项目资金来源完全是项目法人自筹，没有财政资金并且不享受什么特殊政策，这类项目常常是GIS工程立项报告与可行性研究报告合为一体。

一个工程要获得政府有关扶持，首先必须先有GIS工程立项报告，GIS工程立项报告通过筛选通过后，再进行工程的可行性研究，可行性研究报告经专家论证后，才最后审定。这实际上也是一种常见的审批程序,是列入备选项目和建设前期工作计划决策的依据。GIS工程立项报告和初步可行性研究报告经批准后，才可进行以可行性研究为中心的各项工作。

GIS工程立项报告（又称立项申请书）是拟立项单位向发改局项目管理部门申报的项目申请。它是项目建设筹建单位或项目法人，根据国民经济的发展、国家和地方中长期规划、产业政策、生产力布局、国内外市场、所在地的内外部条件，提出的某一具体项目的建议文件，是对拟建项目提出的框架性的总体设想。在项目早期，由于项目条件还不够成熟，仅有规划意见书，对项目的具体建设方案还不明晰，市政、环保、交通等专业咨询意见尚未办理。GIS工程立项报告主要论证项目建设的必要性，建设方案和投资估算也比较粗，投资误差为±30%左右。对于大中型项目，有的工艺技术复杂，涉及面广，协调量大的项目，还要编制预可行性研究报告，作为GIS工程立项报告的主要附件之一。

GIS工程立项报告的定位受项目所在细分行业、资金规模、建设地区、投资方式等不同影响，GIS工程立项报告均有不同侧重。为了保证项目顺利通过地区或者国家发改委批准完成立项备案，GIS工程立项报告的编制必须由专业有经验的咨询机构协助完成。其撰写依据是准确的数据、资深的调研团队、经验丰富的分析团队以及各方面的协调。

## 2.2　GIS用户类型及其功能需求

### 2.2.1　GIS用户及服务分类

根据用户的性质和对地理信息的不同用途，将GIS中的用户分为三类，其对应的地理信息服务见表2-1。

表2-1　不同用户对应的地理信息服务

| 用户分类 | 地理信息服务 | |
|---|---|---|
| 大众用户 | 地理信息数据显示服务，地理信息数据供应服务，地理信息数据分析服务 | |
| 高层专家用户 | 地理信息数据供应，地理信息数据显示，地理信息数据变换，地理信息数据转换，地理信息数据更新，地理信息空间分析，地理信息数据综合，地理信息数据库维护，地理信息数据传输处理 | |
| 低层专家用户 | 地理信息数据供应 | 地理要素供应服务，地理覆盖供应服务，三维数据供应服务 |
| | 地理信息数据显示 | 地理要素显示，地理覆盖显示 |
| | 地理信息数据传输处理 | 压缩与解压缩，数据缓冲处理 |
| | 地理信息数据转换变换 | 数据格式转换，地理坐标转换，地理坐标转换 |
| | 地理信息空间分析 | 地理要素网格分析，地理要素缓冲分析，地理要素叠置分析，地理要素切割分析，地理要素量测 |
| | 地理信息数据更新 | 数据纠正校正，地理要素增加，地理要素更改，地理要素删除 |
| | 地理信息数据库维护 | 数据库查看，数据库增加记录，数据库删除记录，数据库修改记录 |

面向这三类用户的需求，考虑目前地理信息服务技术的发展，地理信息要提供的服务内容概括为以下5大类。

**（1）地理信息数据的提供**

包括直接以在线和离线方式查询、下载、订制地理信息产品以及通过网络获得空间数据服务。

**（2）地理目标的浏览查询**

包括对地图的操作（显示、缩放、漫游等）、地名查询、定位等功能，其中三维地图浏览是一种辅助的表现方式。

**（3）空间分析**

包括量测、路网、水网分析，点、线、面缓冲区分析等，其中的量测、交通路网分析和基于某个点状目标的周边搜索是比较常用的功能，其他功能多为专业的人员使用。

**（4）移动定位**

通过移动车载或手持GPS终端的自导航，以及远程实时移动位置监控，可用于行业管理，如城管、林业管护，也可以用于儿童和老人的位置监护。

**（5）信息发布**

政府部门、各个行业利用电子地图载体，发布公共信息，企业用户通过加载兴趣点，实现增值服务，个人用户也可以发布部分个人信息。

### 2.2.2　GIS应用分类

根据GIS应用的层次可以将GIS应用分为以下几种类型。

**（1）地图制图**

GIS的发展是从地图制图开始的，因而GIS的主要功能之一就是地图制图。与周期长、更新慢的手工制图方式相比，利用GIS建立地图数据库，可以达到一次投入、多次产出的效果。它可以根据用户需要输出全要素图或是各种专题图（行政区划图，土地利用现状图，道路交通图，规划图等），还可以利用GIS的三维功能进行立体显示与制图。

**（2）空间数据管理**

空间数据管理是GIS最基本的功能。空间数据管理的目的是对地理数据进行组织和管理，并提供有效地更新、维护和快速查询检索的方法和手段，以最佳方式输出地理信息，供规划、管理和决策使用。以地籍管理信息系统为例，地籍数据涉及到土地的位置、房地界、名称、面积、类型、等级、权属、质量、低价税收等诸多方面信息，不仅土地的权属可能发生变化，而且土地的空间特性也在不断改变，应用GIS对地籍数据进行管理，不仅方便了数据的快速查询、统计与存档，而且方便了对它们进行日常的更新和维护，提高了地籍管理的效率，同时为其他业务提供了数字化的信息来源。

（3）空间统计分析

GIS提供一系列的空间统计分析功能（叠置分析、缓冲区分析、拓扑空间查询、空间集合分析、网络分析等），利用这些功能可以对地理信息（空间信息和属性信息）进行处理和分析，得出有用的结论。例如，在城市规划过程中，对城市中救护车、救火车的分布位置以及行车路线和行车控制进行规划。又如，如何安排多路警车交通路线，以保证在紧急时刻，在任意地方应至少有一辆警车在事发后最短时间内赶到出事地点。在环境保护方面，对水土流失导致环境恶化进行评价。在区域环境质量现状评价过程中，对整个区域的环境质量进行客观全面的评价。

（4）空间分析评价与模拟预测建模

GIS不仅可以管理空间数据，而且可以模拟现实世界。一方面，它可以对现实世界进行分析评价，先归纳总结出分析评价的因子和方法，然后将这些方法和因子定量化，最后建立空间分析评价模型并进行验证。另一方面，它还可以对现实世界的发展趋势进行模拟预测，其原理是将自然过程、决策转化成命令、函数和分析模拟程序等形式，结合相关数据，模拟这些过程的发生发展，得到未来的结果，从而预知自然过程的结果，达到辅助决策的目的。

（5）辅助宏观决策

GIS利用拥有的数据库，通过一系列决策模型的构建和比较分析，可以为国家宏观决策提供科学依据。例如，GIS支持下的土地承载力研究可以解决土地资源与人口容量的规划，利用GIS的空间分析和空间建模方法可以辅助制定城市发展规划，利用GIS建立环境监测模型可以为三峡工程的宏观决策提供建库前后环境变化的数量、速度和演变趋势等可靠数据。

（6）GIS与RS的集成应用

GIS的又一个应用是与遥感（RS）技术集成，实现遥感信息的自动识别和利用。例如在1991年海湾战争期间，美国国防制图局为战争需要在工作站上建立了GIS与RS的集成系统，它能用自动影像匹配和自动目标识别技术处理卫星和高低侦察机实时获得的战场数字影像，及时地将反映战场现状的正射影像叠加到数字地图上，这些数据被直接传送到海湾前线指挥部和五角大楼，为军事决策提供全天候的实时服务。

GIS产品有多种表现形式，如软件和数据。国外的GIS常用软件包括ArcGIS（包括ArcGIS，MapObjects，ArcIMS，ArcSDE等），MapInfo，GeoMedia，MGE，SmallWorld。国内的GIS常用软件包括SuperMap，MapGIS，GeoStar，TopMap，GeoBean，VRMap，MapEngine。还有数据，如4D产品数字线划图（DLG），数字高程模型（DEM），数字正射影像图（DOQ）和数字栅格图（DRG）。

对于大众用户，他们接触到的GIS产品可能是一个开发好的单独界面，或者是网络应用程序，他们需要掌握的功能也相对简单。放大，缩小，漫游，全图，这是GIS数据显示时的基本操作功能，有的还提供路线查询等。

对于低层专家用户，他们常用到的是GIS一些基本的功能，如数据输入与编辑、数据管理。数据操作以及数据显示和输出等，GIS常用软件都能提供这些功能。在此我们介绍一下空间数据的可视化表达。

地理空间信息要转换为数字信息存入计算机中，才能被计算机所接受处理，然后再将这些数字信息转换为人可识别的地图图形才具有实用的价值。这一转换过程即为地理信息的可视化过程，其内容包括地图数据的可视化表示、地理信息的可视化表示、空间分析结果的可视化表示。

地图数据的屏幕显示是地图数据的可视化表示。可以根据数字地图数据分类、分级特点，选择相应的视觉变量（如形状、尺寸、颜色等），制作全要素或分要素表示的可阅读的地图，如屏幕地图、纸质地图或印刷胶片等。

地图编制是一个非常复杂的过程。首先，对地图数据进行符号化与注记标注，为地图的编制准备基础的地理数据；其次，根据不同的用途进行地图综合或数据处理；最后，设置版面纸张、定义制图范围，确定制图比例尺、图名、图例、坐标网、指北针等。

地理信息的可视化表示是利用各种数学模型，把各类统计数据、实验数据、观察数据、地理调查资料等进行分级处理，然后选择适当的视觉变量以专题地图的形式表示出来，如分级统计图、分区统计图、直方图等。这种类型的可视化体现了科学计算可视化的初始含义。

空间分析结果也需可视化表示。地理信息系统的一个很重要的功能就是空间分析，包括网络分析、缓冲区分析、叠加分析等，分析的结果往往以专题的形式来描述。

高级专家用户，他们是通过对地理空间数据的处理和分析来认识和把握地球和社会的空间运动规律，进行虚拟、科学预测和调控的GIS用户。在地理信息系统中，空间分析被认为是地理信息系统中最核心、最重要的理论之一。空间分析的概念可以从以下两个方面来理解。

1）从侧重于空间实体对象的图形与属性的交互查询角度考察，空间分析是从GIS目标之间的空间关系中获取派生的信息和新的知识。分析对象是地理目标，分析的技术主要包括拓扑空间查询、缓冲区分析、叠置分析、空间集合分析等。

2）从侧重于空间信息的提取和空间信息传输角度考虑，空间分析是基于地理对象的位置和形态特征的空间数据分析技术，其目的在于提取和传输空间信息。侧重地理目标的位置和形态特征，可将空间信息分为空间位置、空间分布、空间统计、空间关系、空间关联、空间对比、空间趋势和空间运动，它们对应的空间分析操作为空间位置分析、空间分布分析、空间形态分析、空间关系分析和空间相关分析等。

### 2.2.3　GIS常用软件的空间分析功能

在GIS常用的软件中，ESRI的ArcGIS具有最全面的空间分析功能。下面我们就详细地介绍一下空间分析的原理及ArcGIS的空间分析模块和功能。

空间分析是对分析空间数据有关技术的统称。根据作用的数据性质不同，可以分为基于空间图形数据的分析运算、基于非空间属性的数据运算、空间和非空间数据的联合运算。空间分析赖以进行的基础是地理空间数据库，其运用的手段包括各种几何的逻辑运算、数理统计分析、代数运算等数学手段，最终的目的是解决人们所涉及到地理空间的实际问题，提取和传输地理空间信息，特别是隐含信息，以辅助决策。

空间分析方法受到空间数据表示形式的制约和影响，空间数据通常分为栅格模型和矢量模型两种基本的表示模型。根据空间对象的不同特征可以运用不同的空间分析方法，其核心是根据描述空间对象的空间数据来分析其位置、属性、运动变化规律及与周围其他对象的相关制约、相互影响关系。不同的空间数据模型有其自身的特点和优点，基于不同的数据模型使用不同的分析方法。

栅格数据因其自身数据结构的特点，具有自动分析处理较为简单，具有很强的模式化特征。一般来说，栅格数据的分析处理方法可以概括为聚类聚合分析、多层面复合分析、追踪分析、窗口分析、统计分析、量算等几种基本的分析模式。

矢量数据处理方法具有多样性和复杂性。常见的分析类型有包含分析、缓冲区分析、多边形叠置分析、网络分析、泰森多边形分析和矢量数据的运算。

强大的空间分析功能是ArcGIS的特点与核心之一。无论是栅格数据还是矢量数据，低维的点、线、面对象还是三维动态对象，都可以通过其空间分析功能得到较为理想的结果。ArcGIS的空间分析功能主要包括空间分析模块、3D分析模块、地统计分析模块、网络分析模块、跟踪分析模块等。

ArcGIS空间分析模块即ArcGIS Spatial Analyst模块是ArcGIS Desktop中一组全面的高级空间建模和空间分析工具，ArcGIS Spatial Analyst空间分析模块可以进行距离分析、密度分析、寻找适宜位置、寻找位置间的最佳路径、距离和路径成本分析、基于本地环境、邻域或待定区域的统计分析、应用简单的影像处理工具生成新数据、对研究区进行采样点的插值、进行数据整理以方便进一步的数据分析和显示、栅格矢量数据的转换、栅格计算、统计、重分类等功能。

ArcGIS Spatial Analyst集成在ArcGIS Desktop地理数据处理环境中，对一些复杂问题的分析解决比以往更加容易。地理数据处理模型不仅易于创建和执行，而且是独立存档的，便于迅速理解所进行的空间分析处理。

ArcGIS 三维分析模块即ArcGIS 3D Analyst模块，能够对表面数据进行高效率的可视化和分析。用户可以从不同的视点观察表面，查询表面，确定从表面上某一点观察时其他地物的可见性，还可以将栅格和矢量数据贴在表面以创建一幅真实的透视图，同时还提供了三维建模的高级GIS工具，比如挖填分析、可视分析以及地表建模等。

ArcGIS 统计分析模块即ArcGIS Geostatistical Analyst模块是ArcGIS Desktop的一个扩展模块，它可为空间数据探测、确定数据异常、优化预测、评价预测的不确定性和生成数据面等工作提供各种各样的工具。主要用于研究数据可变性、查找不合理数据、检查数据的整体变化趋势、分析空间自相关和多数据集之间的相互关系以及利用各种地统计模型和工具来做预报、预报标准误差、计算大于某一阈值的概率和分维图绘制等工作。ArcGIS Geostatistical Analyst是一个完整的工具包，它可以实现空间数据预处理、地统计分析、等高线分析和后期处理等功能，同样包含交互式的图形工具，这些工具带有为缺省模型设计的稳定性参数，可帮助初学者快速掌握地统计分析。

ArcGIS 网络分析模块即ArcGIS Network Analyst模块可以创建和管理复杂的网络数据集合，进行行车时间分析、点到点的路径分析、路径方向、服务区域定义、最短路径、最佳路径、邻近设施、起始点目标点矩阵等分析，可以解决诸如寻找最高效的旅行路线、生成旅行向导，或者发现最邻近设施等实际问题。

ArcGIS 跟踪分析模块即ArcGIS Tracking Analyst模块提供时间序列的回放和分析功能，可以帮助显示复杂的时间序列和空间模型，并且有助于在ArcGIS系统中与其他类型的GIS数据集成时相互作用。可完成回放历史数据、基于一定原理的制图、数据中的时间模型、在GIS系统中积分时间数据、平衡现有的GIS数据来创建时间序列可视化和创建分析历史数据和实时数据变化的图表等。

## 2.3　GIS需求调查

项目正式启动、项目组成立、并获得项目资源后，项目进入下一个阶段，即项目战略规划。主要工作内容包括用户需求调查、用户需求分析、系统概念模型设计（总体设计）、项目可行性研究。与启动阶段比较，该阶段更详细地、较准确地确定项目目标和范围、制定项目中长期实施规划。

需求调查分析是项目立项后的第一项工作，同时也是最重要的工作。用户需求分析是针对系统功能和设计工作就用户的现行软件系统和现有数据基础，以及业务工作对系统的需求进行调研，明确用户对系统的需求，发现并提出现有软件系统中的问题，并分析用户需求和系统建设的可行性，形成对问题、数据、需求的调研报告。

需求调查分析的具体工作内容包括以下几点。

1）用户情况调查包括现有软件系统问题、数据现状、业务需求。

2）通过系统分析明确系统建设目标和任务。

3）系统可行性分析研究。

4）撰写并提交需求调研报告（用户需求说明）。

用户调查与需求分析是GIS项目规划与系统设计的重要依据。通过需求分析，系统开发人员才能掌握组织和用户的基本需要，为项目设定目标和范围。所以，它是后期设计和系统建设、运行的基础和关键。

## 2.3.1　用户需求调查的目的

用户需求调查通过研讨会、访谈、问卷调查等方式，收集大量有关组织的资料，完成一系列的表格，能够系统、深入、全面地获取用户的组织、管理、业务等方面的现状与期望。

不做用户调查，无从了解用户的需要和需求；用户调查不充分，需求分析和设计难于开展，直接影响到系统实施。在项目实践中，用户调查与需求分析是一项高难度的工作，不仅要求项目参与人员要具有丰富的技术知识和应用经验，而且要求他们充分了解用户，具备用户的专业知识，以用户为中心，提供满足用户需求的整体解决方案和详细的需求规范，为项目规划和实施奠定基础。

### 1. 发现现行系统存在的问题

现行系统调查也是由系统分析员承担完成的。主要任务是通过用户调查发现系统存在的问题，完成可行性研究工作，确定建立GIS是否合理，是否可行。调查方法可采用访问、座谈、填表、抽样、查阅资料、深入现场、与用户一起工作等各种调查研究方法，获得现行状况的有用资料，解决以下几个问题。

1）确定对现行系统的调查范围。

2）发现现行系统（人工或计算机化的）存在的问题。

3）初步确定新建GIS的主要目标。

通过对现行系统组织结构、组织分工、工作任务、职能范围、信息处理方式、资料使用状况、工作流程、人员配置、费用开支等各方面的调查研究，指出现行工作状况在工作效率、费用支付、人力使用等方面存在的主要问题和薄弱环节，作为待建GIS的突破口。

一般来说，系统分析员要通过调查、收集有关的文档、表格、地图和案例，完成填写所设计的调查表格，须把握以下内容。

1）组织机构的结构、使命、目标、战略、管理和文化。

2）每一个部门的业务列表和详细的流程描述。

3）业务中所需的地图和数据描述。

4）地理空间数据的种类、质量、格式、来源和评估。

5）分解组织的使命、目标、战略和任务。

6）分析满足任务所需的应用、功能、流程和数据。

7）用户信息化状况，即计算机网络、硬件、软件、数据、人员及应用现状。

8）用户的期望。

理解了这些基本问题，才能够进一步设定工程的目标、范围，才能明确应用、功能和数据方面的需求。

**2. 初步确定系统的主要目标**

系统目标规定了待建GIS建成后所要求达到的运行指标，是进行可行性分析、系统分析与设计、系统实施、系统测试、系统评价与维护的重要依据，对GIS生命周期起着重要的作用。通过对现行系统基本功能，现行系统存在问题，用户多方面的意见和要求，系统建设硬软件环境，GIS发展水平，投资规模，建设周期等因素的分析，初步确定系统目标。系统目标决定了将来建成的GIS的位置和水平。

一般来说，系统目标不可能在调查研究阶段就提得非常具体和确切，随着后续分析和设计工作的逐层深入，新建GIS系统目标也将逐步具体化和定量化。

需求调查的具体任务主要是明确管理的对象（即决定数据内容）与要求的功能（决定硬件和软件的组成）。

**（1）管理对象的要求**

GIS本质上依然是典型的信息处理系统，系统必须处理的信息和系统应该产生的信息在很大程度上决定了系统的面貌，对软件设计有深远的影响，因此，必须根据用户需求调查结果分析系统的数据要求，这是用户需求分析的一个重要任务。

首先调查用户要求用GIS管理哪些主要对象和相关对象，然后调查这些对象的特征如何以及如何分类，这些对象有哪些属性以及相应的标准要求，这些对象之间的关系以及与地理环境的关系。

例如在土地信息系统中，用户要求管理的对象是地块，地块是面状对象，地块分为图斑和宗地两类，图斑反映地块的利用现状，而宗地则反映地块的权属状况。在农村一个宗地是由若干个图斑组成的，而在城市或城镇一个宗地就是一个图斑。图斑与地形关系密切，宗地则与地形无关，但对其几何位置的精确度与准确度的要求较高。

分析系统对管理对象的要求就是对数据的要求，它通常采用建立概念模型的方法。

**（2）系统功能的要求**

首先调查在建立了系统后，用户希望系统能做哪些事情，即系统应该具有哪些功能，然后分析哪些功能是查询功能，哪些是分析功能，要实现这些功能，还需要哪些地理信息和管理对象的属性信息。哪些功能目前的GIS技术能实现，哪些功能暂时不能实现。系统功能应该遵循哪些规范和标准。

例如在土地信息系统中，用户要求系统能够进行用图形查属性，用属性查图形，要求系统能够进行土地登记、土地统计和土地评估以及各种土地分析功能，如查询一条道路所穿越的图斑和宗地及其面积等。

具体说来，对GIS系统的综合要求有下述4项。

1）系统的具体功能要求：应该划分出GIS系统必须完成的所有功能。

2）系统的性能要求：例如，联机系统的响应时间（即对于从终端输入的一个"事务"，系统在多长时间之内可以做出响应），系统需要的存储容量以及后援存储，重新启动和安全性等方面的考虑都属于性能要求。

3）运行要求：这类要求集中表现为对系统运行时所处环境的要求。例如，支持系统运行的系统软件是什么，采用哪种数据库管理系统，需要什么样的外存储器和数据通信接口等。

4）将来可能提出的要求：应该明确地列出那些虽然不属于当前系统开发范畴，但是通过分析将来很可能会提出来的要求。这样做的目的是在设计过程中对系统将来可能的扩充和修改预作准备，以便一旦需要时能比较容易地进行这种扩充和修改。

### 2.3.2 用户需求调查方法

用户调查需求调查的方法很多，常见的方法有用户访谈、问卷调查、会议研讨、现场参观考察等，这些都是最直接获取第一手用户资料和信息的方法。咨询关键人物、文档（记录与报告）分析也是了解客户的常用方法。另外，从因特网上搜查相关资料、与同行专家交谈、收集参考文献、阅读同类报告书是从组织外部收集信息的重要渠道。

用户需求调查最主要的是现状调查，它的目的是学习、了解机构内现有的运作，通常可采用面谈、电话访谈、参观、问卷、索取有关的资料并加以学习和理解、GIS专题报告等方式。

这6种方式经常被结合起来一起使用。一般来说，应该以参观和面谈开始，参观不仅可以对机构的组织和运作得到感性的体会，还可以找到较适当的接洽人以便各种后续工作的开展。在参观一个机构之前，GIS专家应该准备出一套表格和备忘录，以便在参观过程中一一了解。参观的目的是为了对一个机构的总体情况做一个粗略但全面的调查，然后可以根据参观的结果和所取得的材料制定下一步应采取的方案，详细的问卷调查方式和面谈方式又常常是更详细的了解具体情况的好办法。这两种方式均要求GIS专家将参观、了解的各种信息分门别类地加以组织，然后制定出新的具体问题，将由机构内的各类有关人员帮助详细作答。这种问题的提出常常需要有经验GIS专家来制定，问题提出的质量直接关系到信息获得的质量。

面谈和电话访谈又要求GIS专业人员有很好的人际交流水平。在西方国家里，有人际交流水平的专业人员是一种财富，具有更高的价值，所以GIS专业人员不仅要技术上保持优势，也应该在各种人际交往技巧上加以训练。只有这样，才能在工作上做到左右逢源、游刃有余。

面谈和电话访谈的一些常用技巧，这里也简单介绍一下。

1）在访谈以前将各种问题以表格、问卷或其他书面形式写出来。

2）避免不必要的细节，着重了解预定的内容。

3）整个访谈应由GIS专业人员掌握，控制进度，保持良好的访谈气氛。

4）尽可能在对方工作的地方进行，以便对方可以随时提供必要的资料和过程。

5）让对方告知轻重次序，以便于在实践过程中决定执行次序。

6）注意负面意见，但不要急于作答。

7）对于自己不熟悉的领域可以使用录音、录像、照相等，但要争得对方允许。索取资料是可以多次使用的一种方式，它可以贯穿在整个需求分析过程中，参观、访谈之后均可能会或多或少地索取相应的文件和资料。

以上6种方式均是由GIS专业人员向GIS数据库的需求机构了解和获取信息。第6种GIS专题报告则是由GIS专业人员输出信息。这一步通常是极为必要的，尤其是在对大型数据库建设过程中，要求有多个部门参加的机构。通过报告，GIS专业人员可以将GIS的基本知识、各种功能、优点介绍给用户，使他们对GIS有一个清楚的了解。该步骤通常应发生在面谈和问卷以前，在参观之后。GIS专业人员在报告过程中使用各种报告讲演技术，也可以展示以往成功的系统，已给用户更感性的认识，在报告过程中应鼓励用户提出各种问题，并以通俗的语言做答，同时报告会的参加人数不应太多，以便确保效果。

各种访谈的优劣可以由表2-2中看出，读者可以根据自己当时的具体情况来决定使用哪种方法。

表2-2　访谈方式特性及使用场合

| 使用场合 | 方　式 | 优　点 | 缺　点 |
|---|---|---|---|
| 开始阶段 | 参观 | 直观、全面 | 对人员要求较高，不够灵活，计划性差 |
| 参观之后 问卷之后 | 面谈 | 详细、具体 | 因人而异 |
| 辅助性补充 | 电话访谈 | 方便、易行 | 视觉效果差 |
| 参观之后 | 问卷 | 灵活、计划性强 | 内容受到限制 |

### 2.3.3　用户需求调查的内容

在信息获取的过程中，所需要了解的内容是多方面的，通常可以分成机构组织、日常操作、数据、专业人员、系统软件和系统硬件这6大类。每类问题又可以分成现有和将来两种状态（见表2-3）。

表2-3 用户需求调查各类常用问题

| 类 别 | 状 态 | 问 题 |
|---|---|---|
| 机构组织 | 现在 | ①现行机构的组织结构？有关的部门有哪些？<br>②各组织的职责及执行的任务？<br>③是否有什么不足或缺陷？<br>④短期内有什么变动？<br>⑤现行机构的书面材料。 |
| | 将来 | ①是否有改变缺陷的计划？<br>②新的 GIS 系统实施以后有什么机构变更？<br>③是否有书面计划？<br>④资金状况如何？ |
| 日常操作 | 现在 | ①各部门的日常工作职责是什么？<br>②各日常工作的流程？每天、每月、每年的工作是什么？<br>③各项工作的优先次序。<br>④目前的问题及需解决的优先次序。<br>⑤有关的书面资料。 |
| | 将来 | ①理想的工作流程是怎样的？<br>②是否有新的职责加入？若有，优先权如何？<br>③是否有书面资料？<br>④短期的变化又怎样？ |
| 数 据 | 现在 | ①目前使用的各种数据的种类，内容及表达方式。<br>②问题是什么？<br>③数据样本。<br>④各种数据使用的频率，更新和维护的方式。<br>⑤数据与各常规任务的关系。<br>⑥数据在机构间的流通程序。<br>⑦各类数据重要性程度如何？<br>⑧共享性如何？<br>⑨各类数据清单。 |
| | 将来 | ①数据的内容，种类和表达方式需要有哪些变化？<br>②是否有新的数据，若有与各常规工作的关系怎样？<br>③否有书面的材料或样本？<br>④各类数据清单。 |

续表

| 类　别 | 状　态 | 问　题 |
|---|---|---|
| 专业人员 | 现在 | ①日常的各种任务是由哪个部门的哪些人来完成的？<br>②人员的专业知识水平和对 GIS 的理解。<br>③人员设置的缺陷。<br>④各类人员的联络方式。<br>⑤各类人员共享性如何？ |
| | 将来 | ①是否会有人员的变动？<br>②是否专业水平能够有提高的潜力，对新技术的态度如何？<br>③专业人员对其日常工作的理想情况如何？ |
| 系统软件 | 现在 | ①现在各种在用的软件有哪些？分属哪些部门？<br>③目前设置的缺陷。<br>③网络功能如何？<br>④共享性如何？<br>⑤软件清单及目前放置一览表。 |
| | 将来 | ①需要增减的软件可能是哪些？何时会发生？<br>②是否有资金来增减设施？<br>③对软件的倾向性怎样？<br>④理想软件清单。<br>⑤软件的优先次序。<br>⑥软件设置一览表（理想状况）。 |
| 系统硬件 | 现在 | ①现在各种在用的硬件有哪些？<br>②目前设置的缺陷如何？<br>③网络功能如何？<br>④共享性如何？<br>⑤硬件清单和连接总图。 |
| | 将来 | ①需要增减的硬件可能是哪些？何时会发生？<br>②是否有资金来实施增补？<br>③硬件的倾向性怎样？<br>④硬件设置一览图。 |

## 2.3.4　用户需求调查内容的组织和分析

### 1. 需求调查内容的组织

在花费大量时间收集到各种信息以后，接下来需要做的则是信息的组织和分析，然后将分析组织的结果以某种方式表达出来。信息表达的方式通常有以下几种。

1）现有机构的组织结构图。

2）现有机构的功能示意图。

3）现有机构的人员组织及功能示意图。

4）现有数据内容及来源清单。

5）现有数据及其功能参照表。

6）现有软硬设备关系图。

除了对现存的状况进行综合分析外，还要将计划的将来状态表示出来。对应上面6种内容以外，还应当包括以下3种。

7）人员培训计划。

8）GIS的输出产品。

9）实施的进度计划。

这里需要说明两点。

1）常常对将来的计划模式不只是一种，很可能多达四五种，这时应该将这几种选择方案同时表达出来，并从技术和组织的角度分析其利弊，然后由用户自行决定采用哪种方案。

2）以上列举的各种报告内容可根据项目的复杂程度做相应的删减，有些部分甚至可以直接用客户提供的资料，例如现有机构的组织结构图。

**2. 需求分析结果报告**

通常各种分析的结果要写成报告，并提出改革的可行性方案。需求分析结果报告通常要包括以下几个部分。

**（1）机构运作的逻辑数据流程图**

该流程图通常是集部门组织结构和功能于一体。除了各种主要数据处理过程以外，还包括数据的输入和输出、各功能的接口界面和数据转换。这种流程图一般要表达以下内容。

1）对于整个数据流程的每步过程，数据的输入是如何转换成数据的输出。

2）每项处理均要用标号标明，并有部门的注明。

3）各主要处理均应当以任务的形式出现。

4）各主要处理的步骤应简单明了地注明。

**（2）GIS功能加入后的各种产品**

各类GIS产品通常可以包括地图、报表、文件、应用软件包、屏幕查询或是更新的数据库等。该部分应描述得尽可能详细，原因是产品通常是用户尤其是管理层的人士更关心的问题。假若可能的话，各个产品应该有一个样本以便给用户以更感性的认识，这些样本应与有关部门人员讨论而定。

**（3）硬件资源表**

该表可列出现有的硬件资源清单，通常包括硬件名称、操作系统、主要功能、所属部门、运行状况等。

**（4）软件资源表**

软件资源表列出所有的或未来的软件资源清单。该表通常包括软件名称、所属单位、操作平台、主要功能、参与的应用、运行状况等。

**（5）专业人员清单**

该清单是机构内专业技术人员一览表，主要包括人员名称、所属部门职务、主要职责范围、技术优势、经验层次、目前工资等。记录各专业人员的工资层次对于了解专业人员的技术潜力和项目预测时均会起到重要的参考作用。

**（6）数据功能参照表**

顾名思义，该表表示各类功能与各种数据之间的关系，样本见表2-4。

**表2-4　数据功能参照表样本**

| 功能 | 总体规划 | 地籍图 | 土地利用图 | 土地发展规划 | 街区图 | 交通规划图 | 税务数据库 | 火警站 |
|---|---|---|---|---|---|---|---|---|
| 土地利用规划 | O | | O | I | | | I | |
| 交通规划 | | | | | | O | | |
| 火警服务 | | | | | | | | I |
| 地籍管理 | | I/O | | | | | | |
| 税收 | I | | | | | | I/O | |
| 城市规划 | | | O | | | | | |

表中I代表Input，即输入；O代表Output，即输出；有时某类数据可能既是某功能的输入又是其输出，则用I/O表示。

数据功能参照表可以帮助分析数据重要性的优先程序。只要功能的优先程度得以确定，那么从表中很容易得知相应数据的优先程度。该表在制作过程中也应与有关部门进行交流讨论而定。

**（7）数据来源清单**

数据来源清单列出一个机构内所有数据的来源、格式、目前完善程度等有关信息。样本见表2-5。

从表中可以看到同一类型的数据集可以使用同一主编号，例如普查数据都用3为主编号，各不同地区用英文字母区分，这样可以使后续分析更简便。该表还可以提供有关哪些部门生产哪些数据的信息。

### （8）部门功能清单

部门功能清单列出所有参与的部门及它们的主要功能。通常这些信息均可以从用户处获得，只要将所有获得的信息全部列出即可。表2-5和表2-6是该清单的样本。

表2-5 数据来源清单

| 编号 | 数据名称 | 部门来源 | 主要形式 | 数据格式 | 完整性 | 主要特征 | 主要属性 | 来源比例尺 | 数据量 | 地图投影 | 精度 | 元数据 | 备注 |
|------|---------|---------|---------|---------|-------|---------|---------|-----------|-------|---------|------|-------|------|
| 1 | 土地利用 | 土地利用 | 地图 | ARC/INFO | 中等 | | | | | | | | 需更新 |
| 2 | 等高线 | 基础部 | 航空相片 | DXF | 很好 | | | | | | | | |
| 3A | 普查北京 | 普查组 | 图表 | DBF | 很好 | | | | | | | | |
| 3B | 普查上海 | 普查组 | 图表 | DBF | 很好 | | | | | | | | |
| 4 | …… | …… | …… | …… | …… | | | | | | | | |

表2-6 部门功能清单

| 部门 | 联络人 | 联络信息 | 下属部门 | 主要任务 | 日常责任范围 |
|------|-------|---------|---------|---------|-------------|
| 城规 | 张×× | | 规划 | 城市规划 | …… |
| | 刘×× | | 制图 | …… | …… |
| 测量 | 王×× | | …… | …… | …… |
| …… | | | | | |

## 2.4 GIS系统分析

### 2.4.1 GIS系统分析的方法和工具

#### 1. GIS系统分析的具体任务

系统分析是应用系统论思想和方法，确定系统的开发对象，把复杂的对象分解成简单的组成部分，找出这些部分的基本属性和彼此间的关系。GIS系统分析主要是根据系统工程和软件工程的理论，确定目标GIS必须具备哪些功能，也就是对目标GIS提出完整、准确、清晰、具体的要求。

用户了解他们所面对的问题，知道必须做什么，但是由于缺乏GIS知识，通常不能完整准确地表达出他们的要求，更不知道怎样利用GIS解决他们的问题。GIS工程技术人员知道怎样用GIS实现人们的要求，但是对特定用户的具体要求并不完全清楚。因此，GIS系统分析员在系统分析阶段必须和用户密切配合，充分交流信息，以得出经过用户确认的GIS逻辑模型。

**（1）确定对系统的综合要求**

对GIS的综合要求有下述4个方面。

1）系统功能要求：应该划分出GIS必须完成的所有功能。

2）系统硬件要求：为了完成GIS的功能必须配备的硬件设施。

3）系统运行要求：这类要求集中表现为对系统运行时所处环境的要求。例如，支持系统运行的系统软件是什么，采用那种数据库管理系统，需要什么样的外存储器和数据通信接口等。

4）将来可能提出的要求：应该明确地列出那些虽然不属于当前GIS建设范畴，但是据分析将来可能会提出来的要求，这样做的目的是在设计过程中对系统将来可能的扩充和修改预作准备，以便一旦需要时能比较容易地进行这种扩充和修改。

**（2）分析系统的数据要求**

地理实体是GIS管理的对象，地理数据是GIS的血液，因此，必须分析GIS管理的对象、GIS处理的信息和GIS应该产生的信息，这些要素在很大程度上决定了系统的面貌，对GIS建设有深远的影响，因此，必须分析GIS的数据要求，这是系统分析的一个重要任务。分析GIS数据要求通常采用建立概念模型的方法。

复杂的地理数据由许多基本的数据元素组成，数据结构表示数据元素之间的逻辑关系。利用数据字典可以全面准确地定义数据，但是数据字典的缺点是不够形象直观。为了提高可理解性，常常利用图形工具辅助描绘数据结构。

GIS软件系统经常使用各种长期保存的信息，这些信息通常以一定的方式组织并存储在数据库或文件中，为减少数据冗余，避免出现插入异常或删除异常，同时简化修改数据的过程，通常需要把数据结构规范化。

**（3）导出系统的逻辑模型**

综合上述两项分析的结果可以导出GIS的详细的逻辑模型。

**2. GIS系统分析的方法**

系统分析常用的方法有以下3种。

**（1）结构化分析方法**

结构化分析方法采用自顶向下、逐层分解的系统分析方法来定义GIS系统的需求。在此基础上，可以做出系统的规格说明，并由此建立系统的一个自顶向下任务分析模型。结构化分析方法的要点是将系统开发的全过程划分为若干阶段，而后分别确定它们的任务，同时把系统的逻辑和物理模型，即系统"做什么"和"怎么做"分开，以保证其在各阶段任务明确、实施有效。结构化分析方法是一种使用相对广泛、也较为成熟和完善的系统分析方法。

（2）面向对象分析方法

面向对象分析方法通过自底向上提取对象并进行对象的抽象组合来实现系统功能和性能分析。它提取的对象包括系统的实体、实体属性和实体关联以及系统的方法、函数和它们之间的关联等。通过自底向上的分析方法，根据各实体和各函数方法的关联度分析，逐步向上进行功能和实体的综合，最后得到系统的功能模块和性能要求。

（3）快速原型化分析方法

即基于原型的分析法，它快速构造系统原型，测试其可行性，或者通过原型发现用户需求。快速原型化分析方法是在系统分析员和系统用户之间交流的一种工具方法，用来明确用户对系统功能和性能的要求。由于系统需求不确定性因素，快速原型化分析方法在系统功能和性能分析领域的应用相对广泛。快速原型化分析方法的主要思想是借助原型来辅助系统需求的定义。在开发初期，开发人员根据自己对用户需求的理解，利用开发工具快速构造出原型软件系统，用户及开发人员通过对原型软件系统的试运行、评价、修正和改进，逐步明确软件的功能及性能需求，作为软件开发阶段的基础。

现代软件开发集成了各种系统分析与开发方法，而不是强调某种单一的分析方法。综合方法有以下4种。

1）使用图表描述的模型驱动分析方法，如以过程为中心的结构化分析、以数据为中心的信息工程与数据建模方法、综合过程和数据的面向对象分析方法。

2）基于原型的分析法，即快速构造系统原型，测试其可行性，或者通过原型发现用户需求。

3）联合需求开发：综合过程和原型，通过会议研讨，强调多方参与，依靠集体智慧获得需求。

4）业务流程重构法，分析业务流程的薄弱环节，改善业务流程。

系统分析是采用系统工程思想方法，对项目的实际情况进行分析综合，制定出各种可行方案，为系统设计提供依据。其任务包括对用户进行需求调查，在明确系统目标的基础上，开展用户机构设置、业务关系、数据流程等方面的深入研究和分析，提出系统的结构方案和逻辑模型。系统分析是使系统设计达到合理、优化的重要步骤，该阶段的工作深入与否，直接影响到将来的设计质量和实用性。

GIS工程投资大、周期长、风险大、涉及部门繁多。因此，在GIS工程中，系统分析是一个十分重要的部分。GIS系统分析的结果是GIS建设的基础，关系到GIS工程的成败和质量，必须用行之有效的方法对系统分析的结果进行严格的审查验证。

### 3.表达系统分析结果的工具

表达系统分析的方法主要包括数据流模型、数据字典、加工逻辑说明（包括结构化语言、判定表和判定树）。

通常用数据流图、数据字典和简要的算法表示GIS系统分析的结果——GIS的逻辑模型。因此，数据流图和数据字典是GIS系统分析的重要工具。

### （1）数据流图（功能实现描述）

数据流图描绘GIS的逻辑模型，图中没有任何具体的物理元素，只是描绘地理信息在GIS中流动和处理的情况。因为数据流图是逻辑系统的图形表示，即使不是专业的GIS人员也容易理解，所以是极好的交流工具。此外，设计数据流图只需考虑系统必须完成的基本逻辑功能，完全不需要考虑如何具体实现这些功能，所以它也是GIS软件设计的很好的出发点。

数据流图有4种成分：源头或终点，处理，数据存储和数据流。其中，处理并不一定是一个程序。一个处理框可以代表一系列程序、单个程序或者程序的一个模块，它甚至可以代表用穿孔机穿孔或目视检查数据正确性等人工处理过程。一个数据存储也并不等同于一个文件，它可以表示一个文件、文件的一部分、数据库的元素或记录的一部分等等；数据可以存储在磁盘、磁带、主存、微缩胶片、穿孔卡片及其他任何介质上（包括人脑）。数据存储和数据流都是数据，仅仅所处的状态不同。数据存储是处于静止状态的数据，数据流是处于运动状态的数据。有时数据的源点和终点相同。

数据流图是实际业务流程的客观影像，不是系统的执行顺序，不是程序流程图，通常在数据流图中忽略出错处理，也不包括诸如打开或关闭文件之类的内务处理。数据流图的基本要点是描绘"做什么"而不考虑"怎样做"。

画数据流图的基本目的是利用它作为交流信息的工具。分析员把他对现有系统的认识或对目标系统的设想用数据流图描绘出来，供有关人员审查确认。由于在数据流图中通常仅仅使用4种基本符号，而且不包含任何有关物理实现的细节，因此，绝大多数用户都可以理解和评价它。

如某市土地管理部门的建设项目预审工作，建设用地处接案，进行建设项目初步审查后，再转到地籍处进行土地利用现状和权属预审，再由规划处进行农用地审查，最后再交给建设用地处，完成土地管理部门的建设用地预审工作。系统的第一层数据流程图为整个建设项目预审系统，第二层数据流程图包括建设用地处、地籍处、土地规划处3个子系统的数据流程图。其中地籍部门的土地利用现状和权属预审是核心工作，其工作流程图如图2-1所示。

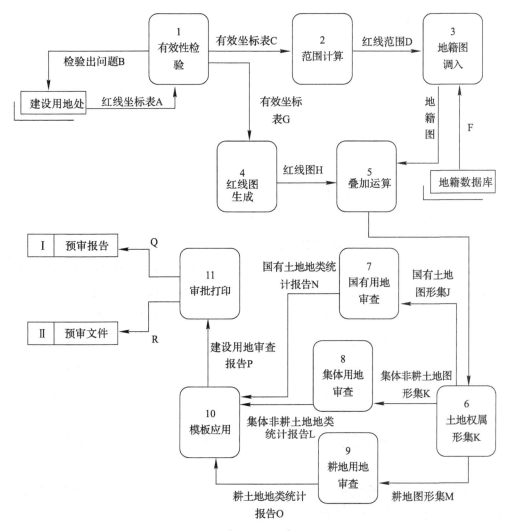

图2-1　建设用地预审流程图

## （2）数据字典（地理实体描述）

为开发一个系统所使用的数据库，在开始分析数据库的需求前，分析员必须了解该系统的总目标和范围。然后建立一个完整并高度细化的信息模型。此信息模型应包括一个综合的数据字典，定义所有在开发数据库时用到的数据项，即确定系统数据的内容和规格。

数据字典是关于数据的信息的集合，也就是对数据流图中包含的所有元素的定义的集合。GIS数据字典的任务是对GIS数据流中出现的所有被命名的图形要素在数据字典中作为词条加以定义，使得每一个图形要素的名字都有一个确切的解释。

任何字典最主要的用途都是提供人查阅不了解的条目的解释，数据字典的作用也正是在系统分析和设计的过程中给人提供关于数据的描述信息。

数据字典最重要的用途是作为分析阶段的工具。在数据字典中建立的一组严密一致的定义很有助于改进分析员和用户之间的通信，因此将消除许多可能的误解。对数据的这一系列严密一致的定义也有助于改进在不同的开发人员或不同的开发小组之间的通信。如果要求所有开发人员都根据公共的数据字典描述数据和设计模块,则能避免许多麻烦的接口问题。

数据字典中包含的每个数据元素的控制信息是很有价值的。因为列出了使用一个给定的数据元素的所有程序(或模块),所以很容易估计改变一个数据将产生的影响,并且能对所有受影响的程序或模块做出相应的改变。数据字典是建立GIS的第一步,而且是很有价值的一步。

1)属性数据字典条目。属性数据字典与一般信息系统的数据字典是一致的,应包含六类条目:数据元素、数据结构、数据流、数据存储、处理过程、外部实体。不同类型的条目有不同的属性需要描述,现分别说明如下。

a. 数据元素。数据元素是最小的数据组成单位,也就是不可再分的数据单位,是属性数据字典的主要内容,如地下管线的埋深、材质等。一般每项数据内容要描述如下特性:名称、别名、类型、取值范围和取值的含义、长度、简要说明等,如表2-7中每条记录描述了给水管线一个属性的数据元素。

b. 数据结构。数据结构的描述重点是数据之间的组合关系,即说明这个数据结构包括哪些成分。一个数据结构可以包括若干个数据元素或(和)数据结构。这些成分分为以下3种特殊情况。

•任选项,指记录中可能包含也可能不包含这项内容,也可以通过"可空"来表示。表2-7中不带"*"的项;

•必选项,指记录中必须有相关内容,即"不可为空",在一个表结构中必定要有一个必选项,见表2-7中带"*"的项;

•重复项,可以多次出现的数据项,如一个宗地图具有多个界址点,界址点通过界址点号、x值、y值来表示,则在宗地图的属性表可以通过重复项"界址点"来表示。

表2-7 属性数据字典实例

| 序 号 | 数据项 | 附加字段名 | 宽度 | 输出宽度 | 数据类型 | 小数位数 | 备 注 |
|---|---|---|---|---|---|---|---|
| *1 | 管道线号 | GWJ_CODE | 11 | 11 | C | – | 管道在井与井之间 |
| *2 | 管径 | GWJ_WIDTH | 5 | 5 | N | 0 | |
| *3 | 材质 | GWJ_MATLE | 8 | 8 | N | 0 | 取值从附注的材质表中选取 |
| 4 | 起始端管顶标高 | GWJ_QSBG | 8 | 8 | N | 3 | 管道方向沿水流方向而定 |

续表

| 序　号 | 数据项 | 附加字段名 | 宽度 | 输出宽度 | 数据类型 | 小数位数 | 备　注 |
|---|---|---|---|---|---|---|---|
| *5 | 起始端埋深 | GWJ_QSMS | 4 | 4 | N | 2 | |
| 6 | 终止端管顶标高 | GWJ_MDBG | 8 | 8 | N | 3 | |
| *7 | 终止端埋深 | GWJ_MDMS | 4 | 4 | N | 2 | |
| 8 | 坡度 | GWJ_PD | 7 | 7 | N | 5 | |
| 9 | 权属单位 | GWJ_DW | 30 | 30 | C | – | |
| 10 | 埋设日期 | GWJ_MSRQ | 8 | 8 | D | – | |

c. 数据流。关于数据流，在数据字典中描述数据流的来源、去处、组成、流通量、高峰时的流通量等属性。

d. 数据存储。数据存储的条目，主要描写该数据存储的结构，及有关的数据流、查询要求。

e. 处理过程。对于数据流程图中的处理框，需要在数据字典中描述处理框的编号、名称、功能的简要说明，有关的输入、输出。对功能进行描述，应使人能有一个较明确的概念，知道这一框的主要功能。详细的功能还要用"小说明"进一步描述。

f. 外部实体。外部实体是数据的来源和去向。因此,在数据字典中关于外部实体的条目，主要说明外部实体产生的数据流和传给该外部实体的数据流，以及该外部实体的数量对于估计本系统的业务量有参考作用，尤其是关系密切的主要外部实体。

2）空间数据字典条目。空间数据结构和数据模型分析和设计是GIS系统分析和设计的核心任务之一，空间数据字典是开展此项工作的基础，必须结合属性数据建立空间数据字典。空间数据字典主要包括表2-8内容或部分内容。

表2-8　空间数据的数据字典实例

| 管线专题 | 层　名 | 内　容 | 要素类型 | 相应属性表名 | 备　注 |
|---|---|---|---|---|---|
| 给水 | JT | 给水管线 | ARC | JL.AAT | |
| | | 管线点 | POINT | JL.PAT | |
| | JT | 给水管注记 | ANNO | | 管线点注记 LEVEL 值为 1；管线注记 LEVEL 值为 2 |
| 雨水 | YL | 雨水管线 | ARC | YL AAT | |
| | | 管线点 | POINT | YI.PAT | |
| | YT | 雨水管线注记、水流方向线 | ANNO | | 管线点注记 LEVEL 值为 3；管线注记 LEVEL 值为 4 |

续表

| 管线专题 | 层 名 | 内 容 | 要素类型 | 相应属性表名 | 备 注 |
|---|---|---|---|---|---|
| 污水 | WL. | 污水管线 | ARC | WI. AAT | |
| | | 管线点 | POINT | WL. PAT | |
| | WT | 污水管线注记、水流方向线 | ANNO | | 管线点注记 LEVEL 值为 5;管线注记 LEVEL 值为 6 |

a.名称。空间数据名称。

b.层名。在GIS工作空间中，数据层的名称与空间数据名称可一致也可不一致。

c.层元素性质。指本层空间对象的空间形状属性,一般包括点、线、面三种，有的是GIS基础平台软件还包括混合、专题图、空（如Geomedia Professional的None）等。

d.拓扑关系。指此种空间数据是否建立和具有拓扑关系。

e.属性表。与此类空间数据对应的属性数据表，可以是GIS基础平台的属性表文件（如Arc/Info软件中的Info表）也可以是数据库中的表。

f. 关联属性项/关联字段。这是可选项，对于GIS软件平台内部实现空间对象与属性记录关联,则数据字典不需要此项内容。但是对于开发者通过编程自定义实现空间对象与属性记录关联则需要此项说明，如深圳规划管理图形子系统采用AutoCAD MAP 2000平台，两者关联方式如图2-2所示，则在数据字典中需要记录关联属性项为"Xdata：1001"和关联字段"LinkKey"。

g. 文件位置。可选项，采用文件方式进行空间数据管理，这个选项记录空间数据存放的路径和文件名称。

h. 操作限制。指限定空间数据的操作权限，分别能够被哪些用户读、改、删等。

i.元数据文件或表名。空间数据的元数据的位置。

j.备注。可选项,一些特别说明。

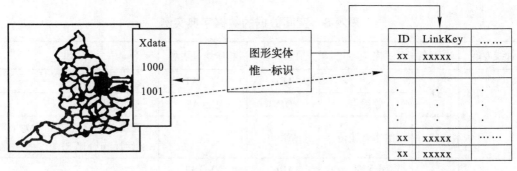

图2-2 自定义图形属性关联

数据流图和数据字典共同构成系统的逻辑模型，没有数据字典的数据流图就不严格，然而没有数据流图的数据字典也难于发挥作用。只有数据流图和对数据流图中每个元素的精确定义放在一起，才能共同完成系统的规格说明。

在系统分析阶段确定的GIS逻辑模型是以后设计和实现目标GIS的基础，因此必须准确完整地体现用户的需求。系统分析员通常都是GIS专家，GIS专家一般都喜欢很快着手进行具体设计。然而，一旦分析员开始谈论程序设计的细节，就会脱离用户，使他们不能继续提出他们的要求和建议。软件工程使用的结构分析设计的方法为每个阶段都规定了特定的结束标准，系统分析阶段必须提出完整准确的GIS逻辑模型，经过用户确认之后才能进入下一个阶段，这就可以有效地防止和克服急于着手进行具体设计的倾向。

## 2.4.2　GIS系统分析的内容和步骤

系统分析是GIS开发的关键工作阶段，通过对现行系统的深入分析，获取现行系统的具体逻辑模型，从功能性能上确定用户的需求，定义新建GIS的逻辑功能，解决系统"干什么"，而不顾及怎么干的物理实现，获取GIS的逻辑模型以反映用户的需求。系统分析的结果将产生用户需求分析报告，它作为GIS开发者与用户沟通的主要桥梁和成果，是对将建成系统的概略性描述，是进行系统设计、开发、测试和评价的依据。

GIS作为一类规模庞大、复杂多样的系统，合理的分析方法对GIS建设是非常重要的。以"逐层分解"和"抽象"为思想精髓的结构化分析方法作为GIS建设中的分析手段是非常有益的，通过把GIS对象抽象为一个系统，然后采用自顶向下，逐层分解的手段，使复杂的GIS系统分解成足够简单，能够清楚地被理解和表达的若干子系统或功能模块，就可以分别理解GIS的每一个细节、前后顺序和相互关系，找出各部分间的接口，使GIS系统分析简单化、明确化。同时，结构化系统分析提供的表达工具（例如数据流程图、数据字典等）则更有助于对GIS表达。

### 1. 用户需求分析的内容

需求分析是将用户调查阶段获得的数据进行进一步的抽象、分类、评估，并设定优先级别，为工程设计、工程规划提供依据。需求分析是一项全面而系统的工作，往往花费比较长的时间，需要有经验丰富的系统分析员和用户参与完成。具体的讲，需求分析就是对用户要求和用户情况进行调查分析，确定系统的用户结构、工作流程、用户对应用界面和程序接口的要求，以及系统应具备的功能等，是系统开发的准备阶段。

用户需求调查与分析的主要目的是系统目标的获取及分析，具体进行如下工作。

### （1）用户类型分析

确定系统的用户类型，在此基础上进一步开展调查分析确定用户需求，不同用户类型对系统有不同的要求，应用情况也各异。判断用户类型是进行系统建设目标和任务分析的关键。所以，进行系统目标和任务分析首先应确定系统的用户类型，在此基础上才可进一步开展分析并确定用户需求。

GIS用户根据其特定的目的，对GIS有不同的功能需求，应用情况也各异。按用户的专业可作如下分类；

1）具有明确而固定任务的用户。这类用户希望用GIS来实现现有工作业务的现代化，改善数据采集、分析、表示方法及过程。这类用户如测量调查和制图部门，他们已投入大量资金来开发工作软件，一旦开始就不会改变。他们所需要解决的问题确定无疑，而且可以解决。

2）部分工作任务明确、固定，且有大量业务有待开拓与发展，因而需要建立GIS来开拓他们的工作。这类用户的信息需求和对GIS的要求只能是部分已知的。这类用户如行政或生产管理部门，也包括进行系列专题调查的单位，如全国性的土壤普查、森林调查、水资源调查等单位，以及进行特殊项目调查和研究工作的单位。他们很想把空间数据组织在一起，形成统一的系统供各职能机构使用。其中一些用户的基本要求是建立大型地理信息系统，该系统除供本部门使用外，还能供第一类用户使用。但数据标准问题、数据结构和精度等却很难解决，各部门的侧重点不同，数据形式不同，业务处理流程不同，对系统功能的要求也各异。

3）工作任务完全不定。每项工作都可能不同，对信息的需求未知或可变。这类用户如大学中的研究室和研究所等，他们想用GIS作为科学研究工具，或者开发新的地理信息系统技术。因此，他们所需的GIS差别很大，有的希望有功能全面的GIS来从事各种科研工作，有的则希望在功能一般的GIS基础上开发，发展成多功能的地理信息系统。

针对不同用户类型，在做需求分析时，应充分注意用户对系统功能需求的不明确而可能给系统设计带来的困难。

**（2）现行系统分析**

通过对现行系统组织机构、工作任务、职能范围、日常工作流程、信息来源及处理方式、资料使用状况、人员配置、设备装置和费用开支等各方面的调查研究，指出现行工作状况在工作效率、费用支付、人力配置等方面存在的主要问题和薄弱环节，作为待建系统的突破口。

现行系统分析主要是分析业务、功能、流程、数据等方面存在的问题，提出技术方案和项目建议，解决存在的问题或者改善组织管理现状。一般提出多个解决方案，通过进一步讨论和可行性分析，最终优化并选择最合适的方案。

根据用户研究的方向、深度以及用户希望系统解决哪些实际应用问题可以确定系统设计的目的、应用范围和应用深度，为以后总体设计中的系统功能设计和应用模型设计提供科学、合理的依据。

**（3）业务流程分析**

将不同专业部门按照现行系统的职能划分和业务范围，概括抽象出现行系统的业务框架或业务流程图，通过各业务职能的相互关系和可实现程度，初步界定出GIS建设可实现的业务内容，这也是后续子系统或模块设计的重要依据。

（4）其他需求分析

如物理设备的位置及其分布的集中程度；与其他软件系统的接口以及对数据格式的要求；系统用户培训；用户文档；数据格式、数据精度、数据量、接收和发送数据的频率；使用系统需要的设备，开发需要的人力资源、计算机资源、时间表；安全性，如对访问信息的控制程度、数据的备份等；对系统的可靠性要求，平均系统出错时间，可移植性、可维护性等。

需求分析的主要参与者是系统分析员和用户。系统分析员希望透过需求分析，认识、理解和掌握组织或用户的基本需要和需求。而用户是希望通过项目实施引进技术，从而达到自己的目的。在需求分析初期，开发人员对于用户需求的理解和用户的技术期望之间可能存在较大的差距，但随着需求分析的展开，用户与系统分析人员之间的交流越来越多，双方逐步获得共识，筛选出合理的、可行的用户需求。

需求分析最终对用户提出的要求应进行综合抽象和提炼，形成对待建GIS需求的文字描述，包括功能需求、性能需求、数据管理能力需求、可靠性需求、安全保密需求、用户接口需求、联网需求、软硬件需求、运行环境需求等的文字描述。

**2. GIS系统分析的步骤及成果**

**（1）分析现行运作过程，获得现行系统流程图**

系统分析员在对用户现行工作流程深入调查的基础上，要对现行系统进行深入细致的分析与研究，明确现行系统的目标、规模、界限、主要功能、组织结构、业务流程、数据流程、数据存储、对外联系、日常事务处理与主要存在问题，获取对现行系统的充分认识和理解。

按照现行系统的职能划分和业务范围，概括抽象出现行系统的业务框图或业务流程图；通过各业务职能的聚散、耦合程度和可实现程度，初步界定出GIS建设可实现的业务内容和可改进的职能。例如对于在空间数据库基础上提供空间分析功能的土地管理系统，我们可以实现对与土地有关的各项指标的查询、统计以及进行土地资源的单一或多用途评级、评价，但不可能期望通过改该级别GIS的建设实现对土地利用的自动规划。

按照现行系统对数据的使用、加工与处理过程，获得现行系统的数据流程图。对于以空间数据处理为其对象的部门来说，它的运作需要涉及大量的图形、表格、文档资料，而数据流程图是其具体业务过程和作业程序的反映，代表了数据操作的逻辑模型。

**（2）进行数据分析，获取数据字典**

对数据流程图中出现的所有空间数据、属性数据进行描述与定义，形成数据字典，列出有关数据流条目、文件条目、数据项条目、加工条目的名称、组成、组织方式、取值范围、数据类型、存贮形式、存贮长度等。

1）数据流条目：组成、流量、来源、去向。

2）文件条目：文件名、组成、存贮方式、存取频率。

3）数据项条目：数据项名、类型、长度、取值范围。

4）加工条目：加工名、输入数据、输出数据、加工逻辑。

此外对隐含在有关图形上的数据也应引起足够重视。

**（3）导出现行系统的逻辑模型**

在理解现行系统"怎样做"的基础上，明确其本质是"做什么"，对现行系统的具体模型进行抽象，去掉有些具体的、非本质的，再进一步深入分析中造成不必要负担的东西，获取反映系统本质的逻辑模型，作为待建GIS逻辑模型的依据。如图2-3所示。

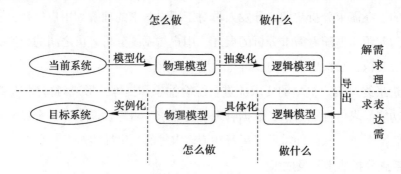

图2-3 当前系统到目标系统的转换过程

**（4）进行用户需求分析与描述**

在对现行系统深入分析的基础上，找出现行系统存在的问题与弊端，对用户提出的要求进行综合抽象和提炼，形成对待建GIS需求的文字描述，包括有功能需求、性能需求、数据管理能力需求、可靠性需求、安全保密需求、用户接口需求、联网需求、软硬件需求、运行环境需求等的文字描述。

**（5）明确待建GIS的目标**

对用户需求分析中提出的目标进一步深化明确，获得待建GIS更加明确具体的目标。即系统结构方案。也就是在调查分析的基础上，明确系统目标和各阶段的任务，确定系统数据关系图和系统软硬件配置，根据数据流程、信息特征、数据处理方法，提出系统结构方案和逻辑模型，包括输入、处理和输出3个主要组成部分，以作为系统研制的基础和依据。

**（6）导出待建GIS的逻辑模型**

这是系统分析中实质性的一步。将现行系统的逻辑模型与待建GIS的目标相比较，找出逻辑上的差别，确定变化的范围，明确待建GIS"做什么"；将变化的部分看作新的处理步骤或模块，对现有数据流程图进行调整；由外向内逐层分析，获得待建GIS的逻辑模型。

### （7）制定设计实施的初步计划

对工作任务进行分解，确定各子系统（或模块）开发的先后顺序，分配工作任务，落实到多体的组织或人；对GIS建设的时间进度进行安排；对GIS建设费用进行预估。

系统分析的最后阶段由分析员提交用户需求分析报告，用户需求分析报告一般应经过用户领导的审批，再经过用户与开发者双方认可后，具有合同的作用，是GIS建设中进行开发设计和验收的依据。

## 2.4.3 GIS工程可行性分析

对于需求分析中提出的方案和建议进行评估，一般来说，需要对项目的财务、组织、技术等方面的可行性进行评价。

从技术角度分析总体设计方案的可行性，即从当前最先进的成熟软件技术、当前最先进的计算机硬件、当前能收集到的资料以及工程竣工后给用户带来的效益4个方面进行可行性分析。

在对系统进行调查和分析之后，建设者应该根据实际情况对下述问题做出选择：应该按何种方式和规模组织开发？这些方案的可行性如何？另外，开发任何一个信息系统，都会受到时间和资源上的限制。因此，必须根据用户可能提供的时间和资源条件进行可行性研究，以避免人力、物力和财力上的浪费。可行性研究主要工作内容包括以下几点。

### 1. 技术力量的调查分析

GIS是一个横跨多个学科组成的一个边缘学科，在GIS建设的各个阶段，需要各种层次、各种专业的技术人员参加，例如系统分析人员、设计人员、程序员、操作员、软硬件维护人员、组织管理人员等。应对新建GIS的规模和应用领域，对从事这些工作的技术人员数量、结构和水平进行调查分析。GIS建设的技术力量不仅考虑数量，更重要的是质量以及在近期内可以培养和发展的水平，如果不能投入足够数量的上述人员或者投入的人员其技术水平不理想，则可以认为GIS建设在技术力量上是不可行的。

### 2. 资金财力的调查分析

GIS工程建设需要有足够的资金财力做保证。根据拟建GIS的规模，要对GIS开发和运行维护过程中所需要的各种费用进行预测估算，包括硬软件资源、技术开发、人员培训、数据收集和录入、系统维护、消耗材料等各项支出，衡量能否有足够的资金保证进行GIS的工程建设。

### 3. 数据资料的调查分析

数据是信息的载体，是系统运行的"血液"。GIS涉及的数据种类繁多，形式多样，结构复杂，往往同时包含图形数据、图像数据、表格数据、文字数据、统计数据等。要对有关部门所拥有和能提供的数据在数据种类、完备性、准确性、精确性、现势性等方面进行深入的调查统计与分析，明确数据资料是否适于GIS的有效管理和提供，是否保证GIS的有效运行。尤其对于作为定位依据的地形图等基础数据，要给予认真的调查与分析。

### 4. 系统效益调查分析

一般来说，GIS建设投资大，短期内效益不明显。要对GIS建成后带来直接或间接的经济效益和社会效益进行估计，并与GIS建设准备阶段的投入相比较，看看能够带来多少好处。可从投资回收期、效益/费用、节省人力、减轻劳动强度、改进薄弱环节、提高工作效率、提高数据处理的及时性和准确性，辅助决策和提供决策等各个方面进行分析预测。

### 5. 成本与收益分析

成本是指开发（或）运行GIS系统所支付的资金，而收益是指由于新系统的投入而增加的收入或减少的成本。开发系统是一种投资，这意味着当前向某一项目支付资金，希望将来某个时候能获得收益。在开发周期的每个阶段都需要投资，而期望的收益来自减少成本或增加的收入。如果期望的收入小于成本，那么这个系统就可能不值得做下去。

投资有多种形式，并且其中都有着不同程度的风险。在把资金投入开发新系统时也要承担很大的风险。因为成本可能比预期的大，收益可能比期望的少。一个系统是否值得投资呢？成本—收益分析就是为了回答这个问题。为了比较成本和收益，必须先对这两者进行估算。

成本包括开发成本和运行成本。在讨论和估算系统开发的成本时，应该考虑以下几个方面的因素：①人员（包括软件人员、管理人员和其他附属人员等）；②设备（主要包括基本设备、设备安装与调试、现有设备利用、文件转换和系统测试等）；③材料和物资的储备；④管理开支及其它（如咨询费、特殊的培养费等）。操作（或系统运行）方面的成本是指一旦系统实现后，必须连续地付给操作方面的成本。它包括以下几方面的因素：①硬件和设备维护成本；②操作员、办事人员和程序员的工资；③消耗品的供应；④管理开支等。开发成本和操作成本之间的差别在于：开发成本是一次性付出的，当系统交付使用后，开发就停止；这时，开始支付操作成本，并且在系统的整个使用期中将连续支付操作成本。

增加收益的方法有两种：增加收入或减少开支（成本）。因此，在做成本收益分析时，必须强调减少成本或增加收入。当增加收入是其主要部分（即成本减少可忽略不计）时，也就是说通过扩大新产品或改进产品的销售增加了收入时，计算收益方法是从新收入中减去与扩大新销售有关的操作费用。当费用减少成为主要部分时（即增加收入可以忽略不计时），收益是利用老系统和新系统操作成本之差计算的。因此，一次好的成本收益分析应清楚地说明系统的成本、收益和风险。也只有设计者提出合理的系统成本、收益和风险估计后，投资者才有可能有较好的信心投入资金及其它支持。

**6. 运行可行性的调查分析**

评价新建GIS运行的可行性及运行后引起的各方面的变化（如组织结构、管理方式、工作环境）对社会或人的因素产生的影响，主要包括GIS运行后对现有组织机构的影响，现有人员对系统的适应性，对现有人员培训的可行性，人员补充计划的可行性，对环境条件的影响等。

现行系统调查研究要求系统分析员与GIS用户、新涉及的各部门甚至领导之间进行充分的交流和沟通，正确分析GIS建设带来的利弊，最后由系统分析员提交可行性报告。

## 2.4.4　用户需求说明（需求规格说明书）

系统的软件需求规格说明是在系统分析的基础上建立的自顶向下的任务分析模型。规格说明描述了系统的需求，是联系系统需求分析与系统设计的重要桥梁。同时，系统软件需求规格说明书作为系统分析阶段的技术文档，是提交审议的一份必要的工作文件。需求规格说明书一旦审议通过，则成为有约束力的指导性文件，成为用户与技术人员之间的技术合同，成为下一阶段系统设计的依据。

具体工作为汇总用户调查资料，总结组织内部各种业务的详细流程、各科室的责任与职能、使用的各种文档（图件、档案、表格、计划与地图）、涉及的各种数据、用户对于GIS应用的期望，将部门、功能、数据、需求进行组合，形成几个比较规范的表格；并进一步抽象、分析，形成比较规范的工作流程图和数据流程图。

最后与用户共同编写出用户需求说明书。

第一部分为概述，着重阐述项目背景和系统目标。

第二部分为功能需求，着重阐述功能划分和功能需求描述，例如信息输入及更新功能、数据库管理和数据编辑功能、信息处理和分析应用功能以及信息输出功能等。

第三部分为系统的数据需求，着重阐述数据规范化和标准化的总要求、数据分类和编码要求、对数据库的要求以及输出数据的要求。

第四部分为系统运行需求，着重阐述系统运行环境要求、用户界面要求、系统接口要求、运行智能化要求以及系统运行的流程控制等。

第五部分为系统性能和质量要求，着重阐述数据精度要求、数据存储精度要求、数据转换精度要求、输出结果的精度要求、系统效率要求、系统的可靠性要求、安全保密性要求、易使用性要求、可理解性要求、可维护性要求、可移植和扩充性要求等。

第六部分为GIS工程的可行性分析。

在具体的GIS工程中，需求分析报告的形式很多，没有非常一致的结构和格式。一般来说，GIS需求分析报告通常包括：报告摘要、背景说明、用户需求调查与分析的方法和过程、用户调查与分析的结果总结、应用和功能需求、数据需求、主要发现、工程建议和工程实施计划以及工程可行性分析等内容。也可参照附录1编写。

# 第3章 GIS工程总体设计

## 3.1 GIS工程总体设计概述

GIS工程总体设计是在GIS需求分析的基础上，综合运用计算机、GIS、空间数据库、网络等方面的技术和经验，勾画出满足用户需求的硬件、软件、和数据库系统。GIS工程总体设计是依据用户需求勾绘出未来GIS的蓝图，是GIS工程计划、工程实施的依据，也是建设高质量GIS的前提和保证。

GIS工程总体设计是GIS工程规划阶段的核心，不但要完成逻辑模型所规定任务，而且要使设计的方案达到优化。如何选择最优的方案，这是工程设计人员和用户共同关心的问题。GIS工程总体设计与其他领域的工程设计一样，具有其独特的方法、策略和理论。

GIS工程总体设计人员不仅要具备GIS专业的知识，也要有用户专业的知识；不仅要有软件开发能力，也要有较强的沟通能力。所谓沟通能力就是既能充分了解用户表达的意思，更要了解用户潜在的意思，即用户因没有GIS知识而没有想到的需求，还要能够让用户理解他的哪些需求是目前技术水平能够达到的，哪些需求是目前技术水平不能达到的。

### 3.1.1 设计的原则和内容

#### 1. 应遵循的基本原则

#### （1）实用性原则

系统建设应在技术指标、标准体系、产品模式、数据库模式、空间分析模式等方面面向地理信息应用。系统数据组织灵活，可以满足不同实际应用分析的需求。在达到预定的目标、具备所需要的功能的前提下，系统应尽量简单，这样可减少处理费用，提高系统效益，便于实现和管理。系统的建设应在实用的基础上做到最经济，以最小的投入获得最大的效益。经济性必须以实用性和发展性为原则。

#### （2）先进性原则

应充分利用当前先进、实用的技术手段，采用成熟的设计方案、技术标准、硬件平台和软件环境，实现对用户专题地理信息及相关基础地理信息数据的管理，保障系统稳定、可靠地运行。

信息技术发展非常快，硬件的更新换代也非常迅速，性能价格比不断跃升，软件版本升级也非常快，在GIS的设计中要有超前性，必须充分考虑技术的发展趋势。在系统设计中，要充分考虑系统的发展和升级，使系统具有较强的扩展能力，不断地进行发展和更新。

（3）开放性原则

系统中的数据、硬件、软件应具有开放性。系统应采用通用的地理信息数据交换格式和标准化的系统通信协议，支持地理信息数据与其他专题数据的集成、交换和共享。系统数据具有可变换性，应提供行业流行的数据传输、转换功能。系统应顾及GIS的发展，设计时宜采用模块化设计，各功能模块独立性强，某一模块的修改应不至于给整个系统造成太大影响。

（4）标准化原则

系统设计应符合GIS的基本要求和标准，系统数据类型、编码、图式图例等应符合国家和行业规范的要求。在数据库建设中，数据生产及数据库设计、建立、管理与维护等应符合规范化要求。

（5）安全性原则

在数据库设计、建立、系统运行、管理与维护等方面中应有严格的安全与保密措施，确保整个数据库系统安全、正常和有效地运行和使用。系统应有用户分级、口令等安全保护措施，有一定的容错能力和良好的提示功能，不应因一些简单错误就导致系统崩溃。数据是一个系统的核心，数据保密是每一个系统建设必须考虑的问题，尤其是各种光盘和优盘等多媒体介质，其使用对象数量众多。

（6）现势性原则

数据库的建设应采用最新的基础地理信息数据，并应建立维护更新机制，保证基础地理信息的现势性。同时，对更新后产生的历史数据应进行有效的管理。

（7）网络化原则

数据库的建设应基于网络环境和集中与分布相结合的数据管理模式，采用客户/服务器、浏览器/服务器结构，实现数据库的管理维护和网络信息发布。

2. GIS工程总体设计内容

GIS建设中的系统设计是新建GIS的物理设计过程，在需求分析规定的"干什么"基础上，解决系统"如何干"的问题。也即按照对建设GIS的逻辑功能要求，考虑具体的应用领域和实际条件，进行各种具体设计，确定GIS建设的实施方案。

GIS工程总体设计，是根据系统工程的理论进行GIS工程的GIS体系结构和工程建设方案的设计。在GIS体系结构设计完成后，首先要做的是数据库和数据采集方案，然后进行GIS软件开发方案和应用模型的设计，最后在工程实施阶段对该总体设计方案进一步细化，称为详细设计。

GIS工程总体设计具体包括以下4部分。

**（1）网络体系结构（系统逻辑结构）设计**

逻辑结构分为3层体系结构，即客户端层、应用服务层、数据服务层；访问模式分为C/S和B/S架构。

**（2）软、硬件（或运行）环境设计**

系统的软件环境包括操作系统、数据库、GIS平台、系统开发语言、办公软件等；系统的硬件环境包括数据存储设备、数据备份设备、服务器、客户端和其他外设等。

**（3）GIS数据工程建设方案设计**

就是根据测绘工程的理论确定地理空间框架设计与GIS数据采集方案的设计。

**（4）GIS软件工程建设方案设计**

即根据软件工程的理论确定GIS的总体结构，即GIS各子系统或模块的划分，以及各组成部分（子系统或模块）之间的相互联系。

工程总体设计就是在系统需求分析的基础上，进行整个工程的总体设计、编写总体设计报告。大部分情况下，工程总体设计被包含在工程项目投标书中。

### 3.1.2  GIS工程总体设计的目标及其评审

**1. GIS系统的一般特征及其对系统设计的影响**

基于GIS工程本身的特殊性，GIS工程设计也有其自身的特点，见表3-1。

表3-1  GIS系统的一般特征及其对系统设计的影响

| 一般特征 | 对系统设计的影响 |
|---|---|
| 整体性 | 对系统进行分析和设计时，必须以整体为基础，充分考虑系统各个要素或各层次的相互关系，实现整体效果最优。 |
| 层次性 | 层次结构决定系统目标和功能分解的认知途径。 |
| 相关性 | 各个要素之间相互作用、相互依赖的关系决定要素间的功能布局及系统的内在结构与性质。 |
| 功能性 | 分析设计系统时要根据系统的目标层次设定其要素的状态和功能结构。 |
| 动态性 | 系统分析时要考虑系统的生命周期、系统环境适应性，以及要求系统能随着环境的变化不断调整其内部各要素的状态、功能与相互关系。 |

**2. 系统目的、目标的确定**

系统目的是指系统建成后应达到的水平标志，或称系统预期达到的水平。GIS系统必须提出明确的系统目的，以指导工作的展开。

系统目标是指实现目的过程中的努力方向，GIS工程中提出的系统目标因具体问题而变化，如投资规模（大、中、小）、建设周期（1年、2年等）、数据准备（半年、1年等）、数据采集（半年、1年等）、旧有设备的利用、效益预计、系统被接纳和使用度（或满意度）估计等。

### 3. 系统属性的确定

系统属性是目标的量度。由于GIS工程建设的多样性及不易量测的特点，衡量GIS

工程的属性通常采用诸如直接经济和社会效益、间接经济和社会效益、系统对原有工作模式改进程度、对使用者的满意度调查等来衡量。

在处理实际问题中，常常遇到系统目标不止一个，而是多个，构成一个目标集合。对目标集合的处理，往往把目标分解，按子集、分层次画成树状结构，称其为目标树，如图3-1所示。

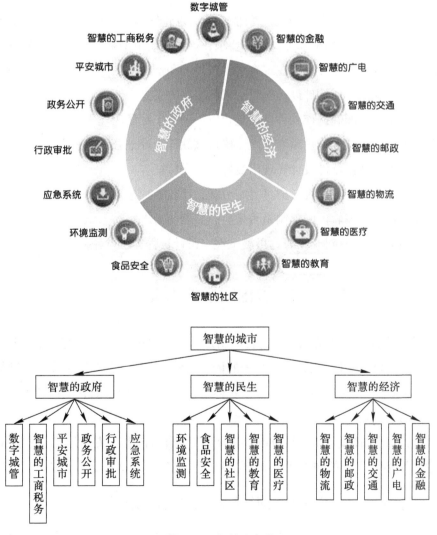

图3-1　目标树示意图

构造目标树的原则如下。

1）目标子集按目标的性质进行分类，把同一类目标划分在一个目标子集内；

2）目标分解，直到可度量为止。

把目标集合画成树状结构的优点是：目标集合的构成与分类比较清晰、直观，更为重要的是，按目标性质分为子集，便于进行目标间的价值权衡，也即是说，在确定目标的权重系数过程中，能明确地表明应该和哪些层次、哪些部门的决策者对话。

**4. GIS工程总体设计评审**

在完成以上几项工作以后，应当组织对总体设计工作的评审。评审的内容包括。

1）可追溯性。即分析该总体设计的GIS体系结构、软件的系统结构、空间数据框架与内容，确认该总体设计是否覆盖了所有已确定的用户需求，总体设计的每一项成分是否可追溯到某一项需求。

2）接口。即分析软件各部分之间联系，确认该软件内部接口与外部接口是否已经明确定义，模块是否满足高内聚和低耦合的要求，模块作用范围是否在其控制范围之内。

3）风险。即确认该软件设计在现有技术条件下和预算范围内是否能按时实现。

4）实用性。即确认该软件设计对于需求的解决方案是否使用。

5）技术清晰度。即确认该软件设计是否以一种易于翻译成代码的形式表达。

6）可维护性。从软件维护角度出发，确认该软件设计是否考虑了方便未来的维护。

7）质量。即确认该软件设计表现出良好的质量特征。

8）各种选择方案。看是否考虑过其它方案，比较各种选择方案的标准是什么。

9）限制。评估对该软件的限制是否现实，是否与需求一致。

10）其他具体问题。对于文档、可测试性、设计过程等进行评估。

## 3.2　GIS体系结构设计

GIS体系结构设计是从系统建设的目的出发，遵循先进性、科学规范性、可操作性、可扩展性和安全性的设计原则，设计系统的体系结构，内容包括系统构建的关键技术、数据及数据库体系结构设计、接口设计、模块体系设计、工程建设的软硬件环境设计、系统组网及安全性设计等。

地理信息工程总体设计阶段还应该选择合适的软硬件配置，要充分考虑每个GIS工程提出的海量数据存储、系统的伸缩性、系统的开放性、多用户并发访问、网络环境等需求。

### 3.2.1　系统运行方式设计（网络结构功能设计或软件结构设计）

软件（结构）系统运行方式可以是单机版也可以是网络版，若是网络版，那么是C/S

还是B/S，应该有几个数据库、几个客户端或浏览器，它们分别应处在什么位置。

软件结构设计包括对网络的结构、功能两方面的设计。例如，城市规划与国土信息系统中，基础信息、规划管理、土地管理、市政管线、房地产管理、建筑设计管理各子系统间存在数据共享和功能调用关系，由于各自针对不同的部门使用，就要求设计相应的网络结构，实现相互间及其与总系统的联网，同时，城市规划与国土信息系统也可能与城市经济信息系统联网。

### 1. C/S结构

C/S模式的应用系统基本运行关系体现为"请求—响应"的应答模式。每当用户需要访问服务器时就由客户机发出"请求"，服务器接受"请求"并"响应"，然后执行相应的服务，把执行结果送回给客户机，由它进一步处理后再提交给用户。C/S系统其核心是服务器集中管理数据资源，接收客户机请求、并将查询结果发送给客户机；同时客户机具有自主的控制能力和计算能力，向服务器发送请求，接收结果。由于网络上流动的仅仅是请求信息和结果信息，所以流量大大地降低了，这就是C/S系统的目的。

### 2. B/S结构

B/S结构是将C/S模式的结构与Web技术密切结合而形成的3层体系结构。第一层客户机是用户与整个系统的接口。客户的应用程序精简到一个通用的浏览器软件，如微软公司的IE等。浏览器将HTML代码转化成图文并茂的网页。网页还具备一定的交互功能，允许用户在网页提供的申请表上输入信息提交给后台并提出处理请求。这个后台就是第二层的Web服务器。第二层web服务器将启动相应的进程来响应这一请求，并动态生成一串HTML代码，其中嵌入处理的结果，返回给客户机的浏览器：如果客户机提交的请求包括数据的存取，Web服务器还需与数据库服务器协同完成这一处理工作。第三层数据库服务器的任务类似于C/S模式，负责协调不同的web服务器发出的SQL请求管理数据库（见图3-2）。

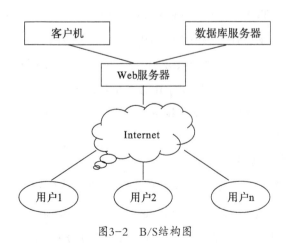

图3-2 B/S结构图

### 3. 两种结构体系的比较

在B/S和C/S的比较中，各自在某些方面有优势。任何一个项目或任何一种方案，都要分析实现的内容和它将要面对的最终用户的性质。在很多跨区域的大型GIS中，经常是包含二者。正是C/S的某些不足才开发了B/S，而B/S同样也不是完美无缺的，在很多地方需要它们互补。举例来讲，如果管理计算机组的主要工作是查询和决策，录入工作比较少，所以采用B/S模式比较合适；而对于其他工作组需要较快的存储速度和较多的录入，交互性比较强，可采用C/S模式。

## 3.2.2　软件配置与硬件网络架构设计

硬件包括计算机、存储设备、数字化仪、绘图仪、打印机及其它外部设备。要说明其型号、数量、内存等性能指标，画出硬件设备配置图。

软件包括说明与硬件设备协调的系统软件、开发平台软件等。

### 1. 软件配置

通常GIS对软件要求较高。一般选择业界广泛使用的跨平台的操作系统作为数据管理和权限管理的平台，采用Windows操作系统作为管理信息系统和数据检索系统的平台。采用Unix和Oracle等分别作为服务器系统和运行数据库的支撑平台，采用Windows NT和J2EE的开发体系，利用成熟的控件和组件开发应用功能。

基础平台的选择应满足以下几方面的要求：①图像、图形与DEM三库一体化及面向对象的数据模型；②海量、无缝、多尺度空间数据库管理；③动态、多维与空间数据可视化；④基于网络的C/S、B/S系统（WebGIS）；⑤数据融合与信息融合；⑥空间数据挖掘与知识发现；⑦地理信息公共服务（联邦数据库）与互操作。

对于中、小型基础地理信息系统，选用的系统应成熟健壮，能提供高效、安全、可靠、灵活且基于开放标准的环境，支持C/S、B/S体系结构，支持多种网络协议，支持事实上的工业标准TCP/IP协议集和SNMP协议，支持国际通用的大型分布式数据库管理系统（如ORACLE、INFORMIX、DB2），支持各种网络技术，包括以太网、快速以太网、FDDI、ATM及令牌网技术等，支持所有的计算机开发语言和图形工具，支持强大的网络管理功能，支持INTERNET互联网技术，选择具备数据自动备份和迁移的数据存储和备份系统，配合数据库管理系统，以满足海量地理数据的存储管理和备份需要。

### 2. 硬件及网络环境设计

GIS一般都要存储大量的数据，对地理数据选取和处理时，又要进行大量的计算，因此系统对计算机CPU的运算速度、存储容量、图形处理等能力有较高的要求。根据GIS数据量大、图形图像处理计算量大、要求具有高速CPU处理能力等特点，服务器可采用64位操作系统和系统模块化设计，采用热插拔硬件更换技术、冗余电源和冷却系统及系统监控技术。采用共享公共部件设计，其处理器、磁盘驱动器、电源和内存等部件都是通用的，可以在不同的服务器之间互换，便于服务器的维护与升级。除服务器外，系统可根据数据库建库工作的实际需要，选择部门级的微机服务器作为数据库系统平台，以提高系统的运行效率和构建的灵活性。

存储系统设备以三级存储方式（在线、近线、离线）为主，以数据存储为中心设计局域网，对数据建库、更新、运行管理、分发服务、海量数据存储、备份等提供策略。根据数据库最终建成后的数据总量、系统规模和需求，可选择自动磁带库作为近线存储设备，磁盘阵列作为在线实时运行数据存储设备。

局域网网络服务器一般可采用Unix或Windows NT操作系统，网络主干采用高性能交换机负责内部IP地址过滤、访问控制、虚拟局域网和网管。局域网可采用双星形结构（主干交换机冗余）。全网密钥管理（2~3层密钥结构：主密钥、密钥加密密钥、数据加密密钥）、信息加密，通过网络安全隔离计算机控制涉密与非涉密网段之间的信息交流。

## 3.2.3　GIS系统安全设计

### （1）网络的安全与保密

计算机网络的重要功能是资源共享和通信。网络的安全性指的是保证数据和程序等资源安全可靠，对资源进行保护以免受到破坏。保密性主要是指对某些资源或信息，需要加以保密，不允许泄露给他人。

### （2）应用系统的安全措施

应用系统的安全与系统设计和实现关系密切。应用系统通过应用平台的安全服务来保证基本安全，如信息内容安全、通信安全、通信双方的认证等。

### （3）数据备份和恢复机制

数据备份是数据安全的一个重要方面。为了能够恢复修改前的状态，数据库的操作要具有：①恢复：在出错时可回到修改前状态；②备份：数据库修改后，原数据应有备份，这种备份又分为安全备份和增量式备份。

系统在数据备份和恢复方面考虑的主要问题是采取有效的数据备份策略。原则上，数据应至少有一套备份数据，即同时应至少保存两套数据，并异地存放。针对不同的业务需要，资料复制有两种方式：同步复制和异步复制。

备份管理包括备份的可计划性、备份设备的自动化操作、历史记录的保存以及日志记录等。事实上，备份管理是一个全面的概念，它不仅包含制度的制定和存储介质的管理，而且还能决定引进设备技术，如备份技术的选择、备份设备的选择、介质的选择乃至软件技术的选择等。备份管理是备份过程中非常重要的一个环节，是数据备份的一个重要组成部分。

**（4）用户管理**

包括权限设置和管理。权限设置包括权限对象的维护和分配。权限对象是用来从不同的方面对系统的安全做维护的对象，它包括以下两个部分：功能权限和数据权限。系统权限对象的种类和数目比较多，如果把数据库中的每一种权限对象都对一个指定的用户或角色进行授权，会增加管理员的工作量。所以数据库的权限管理分为两个部分：权限提取和用户授权。

# 3.3　GIS工程建设方案设计

## 3.3.1　GIS软件开发方案设计

### 1. 系统功能设计

GIS工程中GIS作为核心软件一般应具有下述基本功能。

1）数据输入模块：具有图形图像输入、属性数据输入、数据导入等功能。

2）数据编辑模块：具有数字化坐标修改、属性文件修改、结点检错、多边形内点检错、结点匹配和元数据修改等功能。

3）数据处理模块：具有拓扑关系生成、属性文件建立（含扩充、拆分和合并）、坐标系统转换、地图投影变换和矢量与栅格数据转换等功能。

4）数据查询模块：具有按空间范围检索、按图形查属性和按属性查图形（单一条件或组合条件）等功能。

5）空间分析模块：具有叠置分析、缓冲区分析、邻近分析、拓扑分析、统计分析、回归分析、聚类分析、地形因子分析、网络分析与资源分配等功能。

6）数据输出与制图模块：具有矢量绘图、栅格绘图、报表输出、数据导出、统计制图、专题制图及三维动态模拟和显示等功能。

根据GIS的系统需求分析结果，除具有GIS软件系统的基础功能外，还应具有其特殊的专业应用功能，一般包括基础数据管理、通用数据查询、桌面业务处理、机助专题制图、辅助分析决策、动态数据交换、网络信息发布、运行维护管理等8类功能。

功能设计一般是根据系统分析中给出的数据流设计出功能关系图，并对每个功能进行较为详细的描述，包括功能表现、功能输入、功能输出。

### 2. 模块体系设计

在模块体系设计中论述系统的模块划分以及模块间的相互关系，并给出各模块的物理实现（组件、插件、服务、DLL动态库、可执行文件等）及各文件的部署位置。用表格或框图形式说明本系统的系统元素（各层模块、子程序、共用程序等）的标识符和功能，分层次地给出各元素之间的控制与被控制关系（见表3-2）。

表3-2　模块体系设计表

| 程序需求 | 程序 1 | 程序 2 | …… | 程序 n |
|---|---|---|---|---|
| 功能需求 1 | | | | |
| 功能需求 2 | | | | |
| …… | | | | |
| 功能需求 n | | | | |

主要设计包括以下内容。

**（1）进行各子系统或模块的划分与功能描述**

按照GIS各功能的聚散程度和耦合程度、用户职能部门的划分、处理过程的相似性、数据资源的共享程度将GIS划分为若干子系统或若干功能模块，构成系统总体结构图，并对各子系统或模块的功能进行描述。

**（2）模块或子系统间的接口设计**

各子系统或模块作为整个GIS的一部分，相互间在功能调用、信息共享、信息传递方面存在或多或少的联系，应对其接口方式、权限设置进行设计。例如，一个城市规划与国土信息系统可划分为基础信息、规划管理、土地管理、市政管线、房地产管理、建筑设计管理等子系统，相互间都要共享有关基础数据、规划数据、市政管线数据、地籍数据、同时存在相互的调用，应对调用方式、数据共享权限做出严格规定与设计。

**（3）输入输出与数据存储要求**

对新建GIS输入、输出的种类、形式要求以及对数据库的用途、组织方式、数据共享、文件种类作一般说明，详细内容在详细设计中考虑。

在总体设计阶段，各模块还处于黑盒子状态，模块通过外部特征标识符（如名字）进行输入和输出。使用黑盒子的概念，设计人员可以站在比较高的层次上进行思考，从而避免过早地陷入具体的条件逻辑、算法和过程步骤等实现细节，以便更好地确定模块和模块间的结构。

**3. 开发策略规定**

根据用户的需求、技术水平、资金等因素，也可能采用不同的开发方法。不同的开发方法的技术要求、开发过程、经费、进度等都有不同的要求，可作如下分类。

**（1）全部自行开发**

即从底层一次开发，根据系统需要的功能，编写所有的程序。用这种方式建立的系统外壳，其各组成部分之间的联系最为紧密，综合程度和操作效率最高。这是因为程序员可以对程序的各个方面进行总体控制。但由于地理信息系统的复杂性，工作量十分庞大，开发周期长，并且其稳定性和可靠性难以保证。地理信息系统发展初期一般采用这种方案，但目前地理信息系统开发已很少采用这种方案。

**（2）全部利用现有软件**

即借助某个GIS平台二次开发，目前商业化的地理信息系统通用软件和DBMS已经很成熟，模型库管理系统还在发展中，但模型分析软件包很多。编写接口程序把购买的现有软件结合起来，建成系统外壳。用这种方式开发系统外壳的周期短、工作量小，系统的稳定性和可靠性高，开发者可以把精力集中在特定的专业应用上。缺点是结构松散，系统显得有些臃肿，操作效率和系统功能利用率低。这种方案目前采用较多。

**（3）自行开发部分软件来建设系统外壳**

这种方案分为两种情况：其一，购买地理信息系统通用软件和DBMS软件，编写专业分析模型软件和接口软件，开发模型库管理信息系统；其二，利用软件商提供的地理信息系统开发工具，如SDE（ESRI提供）以及应用接口工具API，结合其他开发工具进行开发。前者在目前的大型实用地理信心系统开发中采用较多。后者在目前可用来开发小型实用性地理信息系统。

### 3.3.2　GIS数据工程方案设计

GIS数据工程设计主要是根据系统分析的结果确定GIS数据的内容和框架，也要初步设计数据管理和数据采集的方案。

**1. 数据内容和框架设计**

**（1）GIS数据内容设计**

根据系统分析中给出的数据字典导出GIS空间数据库最终需求的数据，也就是GIS运行中需要的各种数据，它包括三方面的数据：①GIS管理的地理实体（或现象）的空间数据和属性数据；②与其密切相关的基础地理信息数据，③与其密切相关的业务运行数据（即相关的规定资料）。当然还需要划定这些数据的地理范围、时间和内容范围。

**（2）基础地理框架设计**

GIS中的数据主要是空间数据，而空间数据最基本的特征就是比例尺、坐标系和投影类型等，它们也是GIS空间数据的数学基础框架。因此需要确定GIS空间数据的数学基础。比例尺的选择根据GIS数据管理规模的大小及详细程度，适用范围等因素确定，根据经验一般情况下可参照表3-3确定，选择的原则应以图面表示的内容能够满足系统对信息的需求为准。坐标系统和投影类型尽量选用国家统一的坐标系统及其投影。

### 表3-3 空间数据比例尺选择

| 系统规模 | 比例尺 | 系统规模 | 比例尺 | 系统规模 | 比例尺 |
|---|---|---|---|---|---|
| 国家级 | 1:50万～1:100万 | 地市级 | 1:1万～1:5万 | 城市近郊 | 1:1 000～1:2 000 |
| 省级 | 1:10万～1:25万 | 外围 | 1:2 000～1:5 000 | 城区 | 1:500～1:1 000 |

在用地理信息系统研究一个区域的地学问题建立应用型GIS或专题GIS时，为了反映研究对象的地理位置及其地理环境，并用地理要素进行应用分析，需要地理底图。地理底图通常有3种形式，一种是遥感图像，一种是数字线划图，另一种则是数字高程模型。

在以遥感图像或栅格为主要信息表达手段的系统中，通常都需要叠加行政区划、河流和交通等地理信息（如在计算应用面积和确定区域时），这些地理信息就构成了该系统的地理底图，有时则以数字高程模型为地理底图（如在分析水土流失时，需要根据坡度来分析）。而在矢量形式表达的系统中，通常都以数字线划图为地理底图，选择一些与系统主题密切相关的地理要素参与GIS的应用分析，适量、合理的基础地理要素内容选择，避免冗余数据，可以使系统的信息数据管理速度达到最佳水平。

**（3）数据规范化和标准化**

数据信息的规范化和标准化是数据流调查分析的依据和建立地理信息系统逻辑模型的基础，所以，要对GIS数据进行命名规范、编码标准、分层分幅标准以及属性表等数据进行标准化和规范化设计。数据规范化和标准化研究的内容包括空间定位框架、数据分类标准、数据编码系统、数据字典、文件命名规范、汉字符号标准、数据记录格式等。

**2. 数据管理方案的设计**

GIS数据管理一直是GIS研究的核心内容。空间数据不仅要表达空间实体的点、线、面特征，而且要对实体间的拓扑关系进行描述，同时还要建立图形信息与属性信息的关联。GIS数据管理研究的主要内容是如何正确对以上内容进行描述并有效实现庞大信息量和检索速度的协调。目前GIS的数据模型有两种：①混合数据模型，其空间数据采用拓扑数据模型进行定义，属性数据采用关系数据模型进行定义，这种混合数据模型兼顾了空间数据与非空间数据的特点，有效实现了两类数据的联合操作、处理和管理。而且空间拓扑关系的建立极大地方便了GIS空间操作分析功能的实现。②面向对象的GIS数据模型。空间数据与属性数据均采用关系数据库模型进行表达，其优点是基于空间实体，数据结构简单，数据检索和处理速度快。

**3. 数据采集方案的设计**

GIS数据可从现有资料（统计资料、法律法规以及过去的调查成果等）中采集，也可通过对地观测来采集，也可两者结合来采集。而对地观测采集又可分为以下3种方法：以地图或影像为底图进行调绘的方法（例如电信设施调查和农村土地利用现状调查）；大地测量的方法（城镇地籍调查和城市部件调查）；遥感影像解译的方法（水资源调查和森林资源调查）。

GIS工程方案设计结束时应参照附录2编写《GIS工程总体设计方案》。它是GIS各项工程实施的依据。

## 3.4　GIS应用模型设计

### 3.4.1　概述

GIS软件是根据某种或几种具体的应用目标或任务要求，从相应专业或学科角度出发，对客观世界进行深入分析研究，并借助GIS软件工具的支持，使观念世界中形成的概念模型具体化为计算机环境或信息世界中信息系统的产物。或者说，某种GIS应用系统是客观世界中相应系统经由观念世界到信息世界的映射。这种系统的应用，反映了人类对客观世界利用改造的能动作用，并且是GIS软件产生社会经济效益的关键所在。

GIS以数字世界表示自然世界，具有完备的空间特性，可以存储和处理不同发展时期的大量空间数据，并具有极强的空间系统综合分析能力，是空间分析的有力工具。因此，GIS不仅要完成管理大量复杂的空间数据的任务，更为重要的是要完成空间分析，资源与环境评价、预测的任务，才能提升GIS辅助决策的功能，所以，必须发展广泛地适用于GIS的空间分析模型，这是GIS软件走向实用的关键。

### 3.4.2　应用模型

在掌握GIS的一般空间处理和分析方法之后，要想使用GIS在实践中进行空间分析还需要针对特定的应用需求进行GIS建模。

所谓模型，就是将系统的各个要素，通过适当的筛选，用一定的表现规则所描写出来的简明映像。模型通常表达了某个系统的发展过程或发展结果。

地理模型是对地理实体的特征及其变化规律的一种表示或者抽象，同时也是对地理实体那些所要研究的特征进行定量的抽象。可以说，地理模型是地理实体通过适当的过滤，用适当的表示规则简洁描述的模仿品。通过这个模仿品，我们可以了解到所研究的地理实体的本质，从而便于对地理实体进行分析和处理。

具体应用系统中的数学模型是在对系统所描述的具体对象与过程进行大量专业研究的基础上，总结出来的客观规律的抽象或模型。这种模型不仅是建立一个应用系统的主要内容之一，而且也是该系统解决实际问题的能力、效率及实际效益的关键所在，因此日益受到重视。由于各种系统的应用目标，复杂程度差异很大，故着力研究应用系统及其数学模型的个性十分必要。

### 1. 应用模型

GIS应用模型是用来描述地理系统各地学要素之间的相互关系和客观规律信息的语言的或数学的或其他表达形式，通常反映了地学过程及其发展趋势或结果。对于GIS来说，专题分析模型是根据关于目标的知识将系统数据重新组织，得出与目标有关的更为有序的新的数据集合的有关规则和公式。这是应用GIS进行生产和科研的重要手段。模型化是将主观性的思考，以模型的形式反映出来，不同的体系可以产生不同的结果。

### 2. 应用模型的特点

#### （1）应用模型是联系GIS应用系统与常规专业研究的纽带

模型的建立绝非是纯数学或技术性问题，而必须以坚实而广泛的专业知识和专门研究为基础。对专业研究的深入程度决定着所建模型的质量和效果。

#### （2）应用模型是综合利用GIS应用系统汇总大量数据的工具

在系统中存储有大量形式不同的数据源，对它们的综合处理、分析应用主要是通过系统中模型的作用来实现的，也即系统中数据的使用效率与深度，很大程度上取决于模型的数量和质量。

#### （3）应用模型是GIS应用系统解决各种实际问题的武器

一般来说，应用模型能有效地帮助人们从各种因素之间找出其因果关系或内在规律，促进问题的解决。然而，由于许多问题十分复杂，完全依靠数学模型的定量方法往往很难圆满解决，所以要结合使用人机交互的方法，才用从定性到定量的综合集成法。

#### （4）应用模型是GIS应用系统向更高技术水平发展的基础

大量模型的研究，开发和应用，凝聚和验证了许多专家的经验和知识，无疑也为一般GIS应用系统向专家系统发展打下基础。

## 3.4.3　应用模型的分类

由于GIS具有优良的硬件环境，多功能的软件模块，能客观地表达地理空间的数据模型，以及便于沟通人机联系的用户界面，使系统具有广泛的用途。GIS的应用模型，就是更具体的应用目标和问题，借助于GIS的技术优势，使观念世界中形成的概念模型具体化为信息世界中可操作的机理和过程。这种模型的构建，不但是解决实际复杂问题的必要途径，而且也是GIS取得经济和社会效益的重要保证。

GIS应用模型的作用，正是用一定程度的简化和抽象，通过逻辑的演绎，去把握地理系统各要素之间的相互关系，本质特征及可视化显示。

### 1. 按空间对象分类

GIS应用模型根据所表达的空间对象的不同，可将模型分为三类，见表3-4。

1）基于理化原理的理论模型，又称数学模型，是应用数学分析方法建立的数学表达式，反映地理过程本质的理化规律，如地表径流模型、海洋和大气环流模型等。

2）基于变量之间的统计关系或启发式关系的模型，这类模型统称为经验模型，是通过数理统计方法和大量观测实验建立的模型，如水土流失模型、适宜性分析模型等。

3）基于原理和经验的混合模型，这类模型中既有基于理论原理的确定性变量，也有应用经验加以确定的不确定性变量，如资源分配模型、位置选择模型等。

**表3-4  应用模型的空间对象分类**

| 模型分类 | 理论依据 | 应用领域 | 模　　型 |
|---|---|---|---|
| 理论 | 物理或化学原理 | 地表径流 | 运动方程 |
| 混合 | 半经验性 | 资源分配 | 运输方程 |
| 经验 | 启发式或统计关系 | 水土流失 | 统计、回归 |

数学模型因果关系清楚，可以精确地反映系统内各要素之间的定量关系，易于用来对自然过程施加控制，但通常难以包括太多的要素，而常常是大大简化的理想情形，削弱了其实用性。统计模型可以通过大量的实践建立，具有简单实用，适用性广，可以处理大量相关因素的特点，缺点是过程不清，一般是用"黑箱"或"灰箱"的方法建立的。

作为一般规则，首先在实践中不断观察总结，形成愈来愈丰富的概念模型，在积累经验的基础上才用数理统计方法摸索统计规律，最后上升到理论模型，再采用综合方法建立实用的分析模型。

### 2. 按对象状态分类

按照研究对象的瞬时状态和发展过程来划分，可将模型分为静态、半静态和动态三类。

1）静态模型用于分析地理现象及要素相互作用的格局。

2）半静态模型用于评价应用目标的变化影响。

3）动态模型用于预测研究目标的时空动态演变及趋势。

目前，GIS技术的应用，已经从数据存储管理和查询检索演化到以时空分析为主体，正在向着支持区域系统空间结构演化的预测、动态模拟及其空间格局的优化的发展新阶段。科学预测、动态模拟和辅助决策是GIS应用的高层次阶段，构建区域空间动力学应用模型将是区域可持续发展研究和GIS应用向纵深发展的交汇点。

### 3. 按空间特性分类

由于GIS属于空间信息系统，因此根据模型的空间特性，可分为空间模型和非空间模型两大类，然后各自再细分，这是由于空间和非空间两类模型在运算方式，所用数据种类，结果形式和管理方法等方面都有较大差别的缘故（见图3-3）。

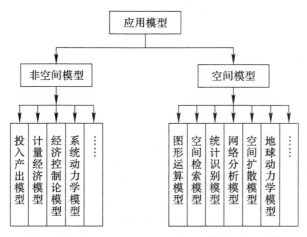

图3-3 应用模型的空间特性分类

非空间模型主要是对系统中的各种属性数据进行运算。常用的方法有投入产出，计量经济，经济控制论及系统动力学等。这些模型多用来解决社会经济领域中的一些问题，如评价，预测与规划等，有时也可用语生态环境及自然资源等领域。各类模型的形式，特点，局限性和主要应用范围如表3-5所示。

## 表3-5 GIS的非空间模型

| 模型类别 | 模型形式 | 主要特点 | 局限性 | 主要应用范围 |
|---|---|---|---|---|
| 投入产出 | 以矩阵投入产出表为核心 | 能清晰地反映各部门间的生产联系,模型简明 | （1）较难处理经济活动中的动态问题<br>（2）没有考虑最终需求的确定以及生产与收入之间的反馈联系 | （1）是搞好综合平衡的重要工具，主要用于生产系统的平衡问题<br>（2）经济–环境预测的重要方法之一 |
| 计量经济 | 线性或非线性连立通用方程 | 将经济理论、统计学、数字和计算机仿真技术有机地结合在一起 | （1）高质量的经济数据难于获取<br>（2）当经济结构等变化较大时，模型难以及时做出反应 | （1）经济结构分析<br>（2）经济政策评论<br>（3）经济预测，但预测期不长 |
| 经济控制论 | 以离散形式的状态空间模型为主 | 能反映国民经济中的调控机制，可充分利用控制论的现代化成果 | 目前实用的模型还处于开发阶段 | （1）能进行各种期限的预测<br>（2）能进行战略研究和制定最有经济政策<br>（3）能作为制定五年计划的辅助工具 |

续表

| 模型类别 | 模型形式 | 主要特点 | 局限性 | 主要应用范围 |
|---|---|---|---|---|
| 系统动力学 | 可带有时滞的一阶微分方程 | 以反馈控制理论为基础，便于处理非线性和时变现象，能作长期的、动态的、战略性的仿真和研究 | 预测精度不高，较适于研究分析系统的动态行为 | （1）在制定国民经济的远期发展规划时<br>（2）作战略研究和政策分析，土地承受力、生态环境系统调控研究与仿真 |

空间模型需同时对系统中的图形和属性两类数据进行运算，一般要比非空间模型复杂些，且是GIS研究的重点和主要发展方向。表3-6对空间模型中常用的方法及其形式，特点，局限性和应用范围做了概括，在社会经济和自然科学两大领域中都常用到空间模型。

表3-6　GIS的空间模型

| 模型类别 | 模型形式 | 主要特点 | 局限性 | 主要应用范围 |
|---|---|---|---|---|
| 图形运算 | 图内各点及图间同名点的算术或代数运算 | 反映图内各点以及图间同名点之间的空间关系，运算简单 | 以网络数据结构较易实现，矢量数据则较复杂 | （1）数字地形模型及应用<br>（2）区位分析<br>（3）各种较简单的回归模型 |
| 空间检索 | 搜索并检出符合条件的网格或图形 | 适用于目前还不能用数学公式描述，但却能根据专业研究给出的某些条件或阈值解决问题的模型 | 检索条件及阈值的确定要有专业研究的支持，如果它们不合理或不准确，会产生很大误差 | （1）大型厂矿及工程选址选线<br>（2）根据成矿条件寻找靶区<br>（3）土地适用性评价等 |
| 统计识别 | 统计识别分类及主成分分析等图像处理方法 | 移植图像处理中的有关方法，可进行区域划分及综合指标确立等应用 | 仅适用于网格数据结构 | （1）进行专题或综合分区<br>（2）建立综合评价指标及模型 |
| 网络分析 | 图论及运筹学方法 | 解决与网络有关的各种问题。如最短路径、运量分配等 | 实际情况较为复杂，计算量很大 | （1）最佳路线选择<br>（2）网络流量的分配<br>（3）货物集散调度<br>（4）城镇及生活服务网点布局 |
| 空间扩散 | 解扩散方程、数学-力学方程 | 描述了许多现象的物理过程 | 在实际计算时，参数的选择有较大的经验性，使结果的精度受一定的影响 | （1）大气和水环境质量预测<br>（2）热污染模型建立<br>（3）人文地理问题的解决<br>（4）地球动力学问题 |

### 3.4.4　应用模型的作用

应用模型在GIS中的作用表现在以下几方面。

#### 1. 指导GIS的设计

任何GIS都是为一定的应用目的而建立的，必须根据具体需要采用适用的应用模型指导GIS总体设计，主要包括以下几点。

1）数据项的选择。数据的范围，精度，量测方法等，如果毫无选择的录入数据，只会使系统增加负担，降低效率，无法突出主要因素，甚至因为数据采集周期过长而失去意义；数据结构应以最好地表示地理现象和易于模型实现为标准。

2）硬件环境的选择，根据模型的输入，输出和运算方法选择经济实用的硬件支持。

3）软件功能的选择，根据模型的管理和运行设计适用的软件功能。

#### 2. 提升GIS的应用水平

目前GIS技术的推广应用遇到了3个方面的困难。

1）硬件环境特殊，不易配备。

2）GIS知识没有为许多用户掌握。

3）缺乏足够的专题分析模型。

而最重要的因素在于GIS是否具有实用价值，实用性必须依靠正确的应用模型。

#### 3. 利于信息交流

模型是表达思维对自然界认识的工具，因此GIS的各种分析模型则有利于完整准确的表达使用者对问题的认识和处理方法，即利于使用者与系统设计者之间的交流以发展系统功能，又利于使用者之间交流以增强系统的共享性。

### 3.4.5　应用模型建模的步骤

应用模型的建立，首先要有明确的目的，通常一个模型只能反映问题的某一基本属性。例如，一张地质图是某地区情况的一种模拟，图上可以不标明该地区的公路和铁路，但需要较好地反映出该地区的地质结构。然而，对于一张交通图，遗漏任何一条主要公路或铁路都将是一个严重的错误。因此，在建模的过程中，必须要有明确的目的，再考虑需要的方法。

在GIS环境中，应用模型建模的一般步骤如下：

1）数据处理：通过实地调查或测量，采集必要的数据，输入计算机，建立数据库。

2）图形显示：利用某些绘图软件或是根据实际经验，调用已知数据，作曲线图。

3）曲线拟合：采用统计、回归分析的方法，用已知曲线拟合实际曲线，为了达到较好的拟合效果，采用某些数据处理方法，如插值、外推等方法。

4）模型建立：简化实际问题，提出恰当的假设，并利用适当的数学工具，刻画变量之间的关系，建立相应的数学结构，并求得相应的解。

5）分析并检验：用模型所得的结果与实际相比较，如果计算机构与事实不相符合，说明在建模过程中，可能忽略了某些重要的因素，缺乏关键的数据。这时，必须回到第一步，加强对实际问题的调研，重新开始建模过程。

6）预测和决策：一个成功的GIS数学模型，不仅能解释系统的已知现象，而且还可以预测系统的某些未知现象，把已知数据代入模型内，预测系统的发展趋势，并为系统的合理利用与开发提供最优决策。

### 3.4.6 应用模型的构建方法

一般的GIS软件都具有一定的空间分析、评价的功能模型。但对各种类别的用户来说，一些模型往往难以直接使用。像ARC/INFO这样的通用软件，由于着眼于模型的通用性，必将难以适应用户多种多样的特殊要求，因此，许多具体的应用分析模型就得用户自己开发。

用GIS求解问题的过程实际包括目的导向（Goal-driven）分析和数据导向（Data-driven）操作两个过程。目的导向分析是将要解决的问题与专业知识相结合，从问题开始，一步步推导出解决问题所需要的原始数据、精度标准、模型的逻辑结构和方法步骤。数据导向操作是将已经形成的模型逻辑结构与GIS技术相结合，从各类数据开始，一步步的将数据转换为问题的答案必要时还需要进行反馈和修改，直到取得的满意的结果，最后以图形或图表的形式输出最终结果。

GIS应用模型的构建方法大致可分为以下三大类。

#### 1. GIS环境内的空间模型分析法（Internal Modelling）

这种方法就是所谓的完全（紧密）结合法（fully integra/fightly couping）。它又可以分为两种，一是由GIS软件商直接提供，二是GIS应用者利用GIS软件的宏语言（Macro Language，如ARC/INFO的AML,System 9中的ATP），发展各自所需的空间分析模型。由GIS软件直接支持的功能所发展起来的空间分析模型，源于GIS软件，能充分利用GIS软件本身所具有的资源，开发的效率较高。从面向对象的方法角度看，由于GIS软件所提供的开发工具自然理解它本身的数据结构和对象类型，因而GIS用户比较容易理解和应用。但是由于现有GIS软件所提供的二次开发工具的功能非常有限，因而这种开发方式很难满足要求。

#### 2. GIS外部的空间模型分析法（External Modelling）

这种结合方法基本上是将GIS当作一个空间数据库来用，空间模型分析的功能则利用其他软件（例如SAS，SPSS，GLIM）或计算机高级程序语言如C，C++，FORTRAN，Pascal等来编写。根据不同的数据共享方法，它又可以分为两类，第一类是不与空间数据库共享数据，而是将GIS的空间数据输出作为一个中介文件，空间分析模型以此中介文件作数据源；然后，仍以此中间文件作为媒介，将空间分析结果返回到GIS的空间数据库中。鉴于目前绝大多数GIS软件均提供简便易用的输出功能，而且均可以用ASCII文件存储，用户很容易理解和使用。这种方法可以充分利用现有的分析软件，比如SAS，SPSS，GLIM等，同时又可以利用计算机高级语言来发展新的分析功能模块，例如Can（1992）等连接地下水模型（WHPA）与GIS软件System 9时，均采用这种结合方法。这种结合方法比较容易实现，但时间和空间效率不高，尤其对比较大的空间数据库系统。因为中介文件需要占用比较大的存储空间，正是由于这样，使用空间分析模型的运行效率受到了很大的影响。第二类方法是空间分析模型和GIS空间数据库共享数据。例如，Kehris(1990)连接ARC/INFO和GLIM时，就采用这种方法。其主要缺陷是GIS用户必须非常清楚GIS的内部数据结构，并发展相应的模块去存取GIS空间数据库。

总之，GIS外部空间模型分析方法是目前GIS各个应用领域中常用的结合方法之一。这种方法的最大优点是可以利用现有的空间分析软件（例如各种各样的水文、地下水分析模型），无须在GIS环境中重编这些分析模型。

### 3. 混合型的空间模型分析方法（Mixed Modelling）

这种结合方法是目前GIS应用中比较常用的方法，其宗旨是尽可能地利用GIS所提供的功能，最大限度地减少用户自行开发的压力。

GIS应用开发者还可以利用宏语言或GIS提供的合适工具将所开发的空间分析模块隐藏起来，使最终用户感到程序仍在GIS系统中运行，使得GIS外部实现的空间分析功能就如同GIS软件本身所支持的功能一样。

# 第4章 空间数据库详细设计

## 4.1 空间数据库设计概述

GIS工程总体设计中已经确认了GIS数据的内容和框架，空间数据库的设计主要是研究设计GIS数据的管理方法。

数据的组织管理方式直接影响和决定了系统构架的设计，一个良好的数据组织结构和数据库，使整个系统都可以迅速、方便、准确地调用和管理所需的数据。数据库是一个信息系统的基本且重要的组成部分。同样，在一个空间项目的工作流程中，GIS负责管理工作的流程所需的空间数据，辅助用户用这些数据进行空间分析、综合，进而进行所需的决策。所以，GIS是该项目工作过程的支柱。空间数据库是GIS中空间数据的存储场所。在一个项目的工作过程中，空间数据库发挥着核心的作用,这集中表现在：用户在决策过程中，通过访问空间数据库获得地理空间信息，在决策过程完成后再将决策结果存储到空间数据库中。空间数据库的布局和存储能力对GIS功能的实现和工作效率的影响极大。如果在组织的所有工作地点都能很容易地存取各种数据，则能使GIS快速响应组织内决策人员的要求；反之，就往往会妨碍GIS的快速响应。可见空间数据库在GIS中的重要性。

空间数据库系统在整个GIS中占有极其重要的地位，是GIS在其各个应用领域发挥作用的关键。空间数据库设计的成败，直接影响到GIS软件的开发水平和产生的经济效益。

### 1.设计原则

数据库设计就是把现实世界中一定范围内存在的应用处理和数据抽象成一个数据库的具体结构的过程。具体讲，对于一个给定的应用环境，提供一个确定最优数据模型与处理模式的逻辑设计，以及一个确定数据库存储结构与存取方法的物理设计，建立能反映现实世界信息和信息联系，满足用户要求，能被某个数据库管理系统（DBMS）所接受，同时能实现系统目标并有效存取数据的数据库。

空间数据库的设计是指在现在数据库管理系统的基础上建立空间数据库的整个过程，随着GIS空间数据库技术的发展，空间数据库所能表达的空间对象日益复杂，数据库和用户功能日益集成化，从而对空间数据库的设计过程提出了更高的要求。因此，对空间数据库的设计提出了许多原则。

1）尽量减少空间数据冗余量。

2）提供稳定的空间数据库结构，在用户的需要改变时，该数据结构能迅速作相应的变化。

3）满足用户对空间数据及时访问的需要，并能高效地提供用户所需的空间数据查询结果。

4）在数据元素间维持复杂的联系，以反映空间数据的复杂性。

5）支持多种多样的决策需要，具有较强的应用适应性。

## 2. 数据要求

GIS中的数据主要是空间数据，而空间数据有三大基本特征：空间特征、时间特征和属性特征。在GIS数据库的逻辑设计时，通常采用空间库加属性库的模式，构建现状库和历史库。空间数据库设计时应从这三方面考虑技术要求，具体从以下几方面考虑。

1）空间参考系。数据库系统应采用统一的、符合国家规定的平面坐标和高程系统。

2）时间参考。日期应采用公历纪元，时间应采用北京时间。

3）数据内容。数据库的数据应针对相应行政或自然区域的范围，内容包含地理空间定位基础数据、多种比例尺的数字矢量地图数据和数字栅格地图数据、多分辨率的数字正射影像数据和数字高程模型数据、地名数据，以及相应的元数据和其他专题数据。

4）数据格式。数据库系统应支持有关的基础地理信息数据产品标准所规定的数据格式。

5）数据质量要求。数据质量应包括完整性、逻辑一致性、位置精度、属性精度、现势性等方面内容。对于数据源、数据加工过程、数据内容取舍和数据更新维护过程等涉及数据质量的相关内容应有记录文档。

6）位置精度要求。入库数据、数据库的数据及由数据库产生的数据产品位置精度，应满足产品标准规定的精度要求

7）属性精度要求。要素的属性项及其名称、类型、长度、顺序、属性值等应完整正确。

8）现势性要求。按需求分析定期或及时对数据进行更新，保持数据现势性。更新可按要素或区域进行。元数据含时间标识。

9）数据入库与处理、数据的质量及其控制等应符合规定。

10）安全与保密。数据库系统应具有可靠的安全与保密性。应根据有关法规与标准的要求进行数据库系统的安全与保密设计，并建立严格的安全运行与保密管理制度。

11）系统基本功能要求：为满足用户需求和数据库管理的需要，系统应具有数据输入、输出、存贮、处理、查询、更新、输出和应用服务等基本功能。

## 3. 设计过程

GIS是人类认识客观世界、改造客观世界的有力工具。GIS的开发和应用需要经历一个由现实世界到概念世界，再到计算机信息世界的转化过程。如图4-1所示。概念世界的建立是通过对错综复杂的现实世界的认识和抽象，即对各种不同专业领域的研究和系统分析，最终形成GIS的空间数据库系统和应用系统所需的概念化模型。进一步的逻辑模型设

计，其任务就是把概念模型结构转换成计算机数据库系统所能够支持的数据模型。逻辑模型设计时最好应选择对某个概念模型结构支持得最好的数据模型，然后再选定能支持这种数据模型且最适合的数据库管理系统。最后的存储模型则是指概念模型反映到计算机物理存储介质中的数据组织形式。

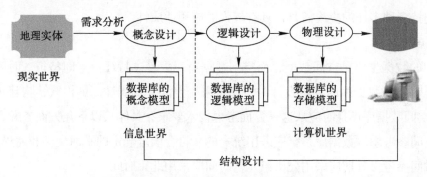

图4-1 空间数据库结构设计的步骤

空间数据结构设计是得到一个合理的空间数据模型，是空间数据库设计的关键。空间数据模型越能反映现实世界，在此基础上生成的应用系统就越能较好地满足用户对数据处理的要求。

地理数据库存储空间数据和属性数据，由于属性数据具有与普通数据库相同的特征，可以用关系模型进行描述。现阶段，许多地理数据库都是采用"混合结构"来组织数据的。所谓混合结构是指采用两种或两种以上的模型来分别组织空间数据和属性数据。由于关系模型比较成熟，并且有相应的数据库管理系统，组织和管理地理属性数据比较容易，所以如何组织和管理空间数据，并确保空间数据和属性数据的结合是数据库设计的重要内容。

空间数据库管理系统是指能够对物理介质上存储地理空间数据进行语义和逻辑上的定义，提供必需的空间数据查询检索和存取功能，以及能够对空间数据进行有效维护和更新的一套软件系统。空间数据库管理系统的实现是建立在常规的数据库管理系统之上的，它除了完成常规数据库管理系统所必备的功能之外，还需要提供特定的针对空间数据的管理功能。通常有两种空间数据库管理系统的实现方法，一是直接对常规的数据库管理系统进行功能扩展，加入一定的空间数据存储与管理功能，运用这一种方法比较有代表性的是Oracle等系统；另一种方法是在常规数据库管理系统之上添加一层空间数据引擎，以获得常规数据库管理系统功能之外的空间数据存储和管理能力，代表性的系统是ESRI的SDE（Spatial Database Engine）等。由GIS的空间分析模型和应用模型所组成的软件可以看作是空间数据库的数据库应用系统，通过它不但可以全面的管理空间数据，还可以运用空间数据进行分析决策。

数据库模式创建即逻辑设计分以下3个阶段进行。

第一阶段收集和分析用户需求按四步进行：分析用户活动，确定系统范围，分析用户涉及的数据和分析系统数据。

第二阶段建立E-R模型分两步：首先应进行局部E-R模型设计，然后进行总体E-R模型的设计。

第三阶段在数据库模式设计阶段分两步进行：第一步初步设计，把E-R图转换为关系模型；第二步优化设计，对模式进行调整和改善。

数据库模式创建（逻辑设计）涉及到数据图层的设计。

**4. 空间数据的分类方法和编码原则**

空间数据种类繁多，内容丰富，如何将它们有机的组织起来，进行存储，查询和管理，直接影响的数据库和GIS系统的应用效率。将这些空间数据按照一定规律进行分类和编码，使其有机的存入计算机，进行按类别存储，才能快速有效地进行查询和检索，以满足各种分析需求。

**（1）空间数据的分类方法**

空间数据分类的目的是为了便于计算机存储、编码和检索数据，它是将具有不同属性或特征的信息区别开来的过程，也是进行编码的基础。分类体系划分是否合理和规范，直接影响到GIS数据的组织以及GIS数据之间数据的连接、传输和共享，最终影响到GIS产品的质量。空间数据分类一般采用宏观的全国分类系统与详细的专业分类系统相递归的分类方案，即低一级的分类系统必须能够归并和综合到高一级的分类系统中。常用的分类方法有两种，线分类法和面分类法。

1）线分类法。线分类法又称为层级分类法，它是将初始的分类对象按所选定的若干属性或特征依次分成若干个层级目录，并编排成一个有层次、逐级展开的分类体系。其中同层级类型之间存在并列关系，不同层级类型之间存在隶属关系，同层级类型之间互不重复、互不交叉。线分类法的优点是容量较大，层级性好，使用方便；缺点是分类结构一经确定，不易改动，当分类层次较多时，代码位数较长。

2）面分类法。面分类法是将给定的分类对象按选定的若干属性或特征分成彼此互不依赖、互不相干的若干方面。每个面中又可分成许多彼此独立的若干类目。使用时，可以根据需要将这些面中的类型组合在一起，形成复合类型。面分类法的优点是具有较大的弹性，一个面内，类型的改变，不会影响到其他面，适应性强，易于添加和修改类型；缺点是不能充分利用容量。

GIS中，根据空间数据在计算机中的存储和数据结构来分类，通常把地理实体数据分为矢量数据和栅格数据两种类型。矢量数据中用坐标表示数据位置，拓扑关系用显式的拓扑数据编码来表示，属性数据采用多元组数据表示；栅格数据是用规则的相元阵列，阵列中的每个数据表示实体属性和位置，一般不表示拓扑关系，属性数据若复杂，则用多元组,若简单,则用单元值。

根据空间数据的属性特征分类可以划分数据层,即图层。图层是描述某一地理区域的某个或多个特定属性的数据集,所有固定区域的地理数据都可以看成是图层的集合。通常按照专题和时间序列对地理数据进行分层。

1)按专题分层。地理数据的每个图层对应一个专题,如道路层、水系层、信息点层,居民地层等等,按照其几何特性又可划分为点、线、面的类型。例如,学校、医院等信息点属于点层;线状水系、道路中心线等属于线层;行政区域,居民点属于面层。根据不同的研究目的,地理数据可以分层不同的专题数据图层。

2)按时间序列分层。体现时空GIS的概念,把不同时间或者不同时期同一地点的地理数据分别构成各个数据层,这种分类数据可以用来进行叠加分析、比较分析等等。

把地理数据进行分层之后,使得对空间数据的管理更加条理清晰,更易于进行查询、分析。通过实现对任意一个图层的查询和管理,更能提高GIS系统的运行效率。根据需要进行不同数据层的叠加,能方便地进行各类分析。

**(2)空间数据的编码原则**

编码是将信息分类的结果用一种易于被计算机和人识别的符号体系表示出来的过程,是人们统一认识、统一观点、相互交换信息的一种技术手段。编码的直接产物是代码,即表示特定信息的一个或一组有序的排列符号,是计算机鉴别和查找信息的主要依据和手段。代码一般由数字或字符,或数字字符混合构成,具有唯一性,并具有分类和排序的功能。在设计过程中,若采用某些专用字符或对某些字符或数字作了一些特殊规定,则代码具有某种特定的含义。编码的原则:①编码按国家的规范和标准执行;②杜绝代码的多义性;③代码位数不宜过长,应该以尽量少的代码提供最丰富的信息。

图4-2所示为某市根据国家标准,参考北京市(市区)、常州市城市的道路编码的方案确定的市区道路编码方案。道路编码由五种道路属性组成,例如道路编码为"E123005",其中,"E"代表方位区码,"1"代表分类码,"2"代表走向序号,"3"代表干路序号,"005"代表路名序号。

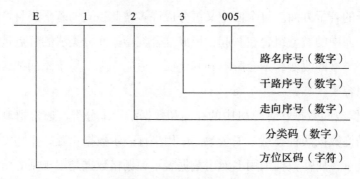

图4-2 道路编码方案实例

# 4.2　空间数据库的概念设计

**1. 数据概念设计概述**

概念设计是通过对错综复杂的现实世界的认识与抽象，最终形成空间数据库系统及其应用系统所需的模型的过程。具体过程是对所收集的信息和数据进行分析、整理，确定实体、属性及其联系，形成独立于计算机的反映用户观点的概念模式。

空间数据库概念化设计是从抽象和宏观的角度来设计数据库，即定义GIS数据全局性的规范，保证数据库内容完整、组织合理和便于应用。通过弄清各种空间数据之间的关系、空间数据与非空间数据之间的关系，保证空间数据能够与表格数据之间建立适当的关系，实现对现实世界的正确表达。一般它应该包含数据库的数据组成、数据模型、数据内部组织等核心内容。

对需求分析阶段收集的数据进行分析、整理、确定地理实体、属性及其关系，把用户的需求加以解释，并用概念模型表达出来（主要指E-R模型，如图4-3所示）。

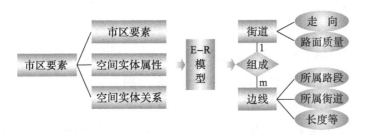

图4-3　空间地理实体到概念模型（E-R模型）

**2. 概念模型设计任务**

以需求分析阶段所提出的数据要求为基础，对用户需求描述的现实世界通过对其中信息的分类、聚集和概括，建立抽象的高级数据模型(如E-R模型)，形成概念数据库模式。

表达概念模型最常用的工具就是E-R模型（entity-relation data model），即实体-关系模型，有实体、关系和属性三个抽象概念组成。用它来描述现实地理世界，也得到了广泛的应用，不必考虑信息的存储结构、存取路径及存取效率等与计算机有关的问题，能直观有效地表达现实的地理世界。地理世界中的实体，是在现实世界中不能再划分为同类现象的现象。例如城市可以看成是一个地理实体，并可划分为若干部分，但这些部分不能叫城市，只能称为区、街道等等。在给定的应用环境中，属性是不能再具有需要描述的性质，是不可分割的数据项；属性不能与其他实体具有连接关系，关系只能发生在实体之间。

实体的属性范畴也称为实体的属性域。确定实体的属性域的目的在于确定每个实体包含哪几类属性信息。对于地理实体，一般可以概括以下几个属性信息。

1）几何类型信息：点状地物、线状地物、面状地物等。

2）分类分级信息：说明地物的类型归属，用特征码或地理标识码表示。如地理基础信息可分为水系、地形、道路、居民地等。同一类中还可以分级，如道路可以分为铁路、公路、人行道等。而公路可以按等级分，国道，省道，县道，乡道，乡村公路等。

3）图形信息：描述物体的位置和形状的信息，如地物的地理坐标等。

4）数量特征信息：描述物体的大小或其他可以度量的性能指标，如长度、宽度、高度、密度、深度等。

5）质量描述信息：说明地理实体的质量构成，如道路的材质等。

6）名称信息：物体或地质体的专有名称。此类信息对某些实体具有表示作用。

在地理实体之间存在着各种各样的关系，而GIS中只能直接建立一些基本的关系，其他关系可以在基本关系的基础上导出。一般地，地理实体具有下述3种类型关系。

1）定性（分层或分类）关系：每个地理实体必须至少属于分类系统中的某一类，即系统要将全部实体在数据输入过程中自动进行分类组织，形成分类数据集合，确保用户按类别直接提取所需要的信息子集。

2）定位关系：在GIS中对于地理信息的处理和编辑的一个特殊而重要的操作是按照指定范围（常为矩形范围）来处理有关地理实体的信息，这是空间数据处理的一个特点。此类定位关系的建立为复杂的空间操作（如拓扑关系处理）奠定了基础。

3）拓扑关系：拓扑关系是指网络结构元素（结合、弧段、面域）间的邻接、包含、关联等关系。有的GIS是将它作为基本关系直接建立，有的则是以定位关系为基础，间接导出实体间的拓扑关系。拓扑关系是空间数据结构化的重要体现。

**3. 概念模型设计步骤**

利用空间E-R模型法建立空间数据库的概念模型可以分为以下步骤。

1）通过用户需求调查与分析，提取和抽象出空间数据库中所有的实体，包括一般实体和空间实体。

2）对提取和抽象出来的实体通过定制其属性来进行界定，即确定各个实体的属性。要求尽可能减少数据冗余，方便数据存取和操作，并能实现正确无歧义地表达实体。

3）根据系统数据流图及实体的特征正确定义实体间的关系，这一步骤是保证空间数据正确处理和操作的关键，因此，在定义过程中要仔细求证，确保无误。

4）根据提取、抽象和概括出的系统实体、实体属性以及实体关系绘制空间E-R图。

5）因为空间E-R图涉及的实体、属性及关系复杂，在实际应用中，往往需要根据数据的关联程度将它们划分成许多小的单元，分别绘制E-R图。因此，最后需要根据划分的标准和原则对这些单元的E-R图进行综合，并对其进行检查和优化，使其能够无缝地形成一个整体。

6）将空间E-R图转化为适合GIS软件和数据库关联信息系统的数据模型，如关系模型、网络模型、层次模型或特殊的空间数据模型等。空间E-R模型是面向现实世界的，要将其在空间数据库中实现，必须转化成相关的GIS软件和数据库支持的模型。

## 4.3　空间数据的逻辑设计

### 1. 数据逻辑结构设计概述

逻辑设计是将概念模型结构转换为具体DBMS可处理的地理数据库的逻辑结构（或外模式），也叫数据库模式创建。主要包括：①确定数据项、记录及记录间的联系；②安全性；③完整性；④一致性约束。

数据库逻辑设计的任务是把数据库概念设计阶段产生的概念数据库模式转换为逻辑数据库模式，即适应于某种特定数据库管理信息系统所支持的逻辑模型。这些模式在功能、性能、完整性和一致性约束及数据库可扩充性等方面均应满足用户提出的要求。对于普通的数据库，所支持的模型一般有层次模型、网状模型、关系模型和面向对象模型等。针对空间数据库的特征，设计的空间数据库的逻辑模型有混合数据模型、全关系型空间数据模型、对象-关系空间数据模型、面向对象空间数据模型等几种类型。用户可以根据自己的应用要求和当前的条件去选择适合于自己的空间数据模型。

导出的逻辑结构是否与概念模式一致，能否满足用户要求，还要对其功能和性能进行评价，并予以优化。从E—R模型向关系模型转换的主要过程：①确定各实体的主关键字；②确定并写出实体内部属性之间的数据关系表达式，即某一数据项决定另外的数据项；③把经过消冗处理的数据关系表达式中的实体作为相应的主关键字；④根据②、③形成新的关系；⑤完成转换后，进行分析、评价和优化。

数据库的一般逻辑结构有以下3种。

1）传统数据模型：层次模型、网络模型、关系模型。

2）面向对象数据模型。

3）空间数据模型：混合数据模型、全关系型空间数据模型、对象-关系型空间数据模型、面向对象空间数据模型。

GIS数据分为各种逻辑数据层或专业数据层。

数据的专业内容的类型通常是数据分层的主要依据，同时要考虑数据之间的关系（如两类物体共享边界等）及数据标准分类与编码。如地形图数据，可分为地貌、水系、道路、植被、控制点、居民地等诸层分别存贮。不同类型的数据在分析和应用时会同时用到，在设计时可将这些数据作为一层。例如，湖泊、水库，线状的河流、沟渠，点状的井、泉等，最后得出各层数据表现形式，各层数据的属性内容和属性表之间的关系等。

**2. 数据逻辑结构设计**

**（1）混合数据模型**

混合数据模型是指在空间数据库的建设中，采用将空间图形数据和相关联的属性数据分离开来的管理模式，空间数据和属性数据通过关键字连接。它要求分别对空间图形数据管理和属性数据管理进行设计。如图4-4所示。

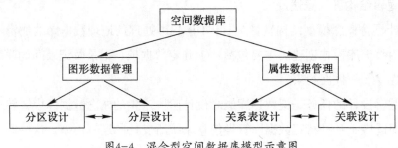

图4-4 混合型空间数据库模型示意图

描述空间要素属性的一般属性表的设计有两种：把描述某一空间要素的所有属性放在一张属性表中；把描述某一空间要素的属性分别放在若干个逻辑上相互联系、符合第三范式的属性表中。第一种方式相对比较简单，但是它是非规范化的，会带来数据冗余等问题。所以，要根据属性项之间的依赖关系进行分解，使之成为逻辑上有联系的，但物理上分离的多个属性表。

关于空间图形数据和属性数据之间的交互，可以通过属性数据库所提供的高级编程语言接口，使得GIS在高级语言编程环境下，直接操纵属性数据，并显示属性数据；或是通过接口调用SQL语句，查询属性数据库，并在GIS用户界面下，显示查询结果。在这种工作模式下，并不需要启动一个完整的属性数据库管理系统，属性数据库管理系统的调用完全是在后台执行，图形数据和属性数据的查询和维护在同一界面下实现。

**（2）全关系型空间数据模型**

全关系型模型是指空间数据和属性数据都采用关系型模型进行设计，建立全关系型空间数据库管理系统。其思路是在关系型数据库管理系统的基础上进行开发，使GIS系统不仅能够管理结构化的属性数据，而且能够管理非结构化的图形数据。采用全关系型空间数据库管理系统管理图形数据一般通过制作关系表来表达空间实体的特征。由于空间特征有点、线、面组成，因此可以制作3种关系表：结点关系表、线段关系表、多边形关系表（见表4-1，表4-2和表4-3）。对于此方法，由于关系连接运算效率低，空间对象处理显示方面的效率也很低。

表4-1　结点关系表

| 结点编号 | X 坐标 | Y 坐标 | 属性项 |
|---|---|---|---|
| 1 | | | |
| 2 | | | |
| ⋮ | | | |

表4-2　线段关系表

| 线段编号 | 名　称 | 结点编号 | 属性项 |
|---|---|---|---|
| 1 | | 1，2，3，4，5 | |
| 2 | | 6，7，8，9 | |
| …… | | | |

表4-3　多边形关系表

| 多边形编号 | 名　称 | 线段编号 | 属性项 |
|---|---|---|---|
| 1 | | 1，2，3 | |
| 2 | | 4，5，6，7 | |
| …… | | | |

**（3）对象-关系型空间数据模型**

由于关系型空间数据模型的实现比较繁琐，功能受限，而且处理效率不高。因此，许多数据库管理系统通过在关系型数据库中扩展，通过定义一系列操作控件对象（如点、线、面）的API函数，来直接存储和管理非结构化的空间数据。这种空间数据库管理模式成为对象-关系型空间数据库管理系统。它的实现途径是从关系数据库管理系统扩展，增加面向对象特性，主要是对基类进行扩充，增加复杂对象继承和规则系统的支持等。这样实现的面向对象数据库系统是关系数据库技术与面向对象技术的融合，既具备关系数据库的基本功能，同时又支持面向对象特性。它适合与复杂数据、复杂查询的应用。但是，这种空间数据管理方式也有一些不足之处，例如，这些可供操作的空间对象的数据结构都是预先定义的，用户使用时必须满足它的数据结构要求，不能自定义空间对象。

**（4）面向对象空间数据模型**

面向对象空间数据库管理系统的实现途径是以面向对象程序设计语言为基础，增加数据库功能。这样实现面向对象空间数据库系统与面向对象的程序设计语言紧密结合，容易被熟悉面向对象语言的开发设计人员所接受，具有较高的执行效率。其不足之处在于缺乏数据库基本特性，尤其是缺乏与SQL兼容的查询功能，在安全性、完整性、并发控制、开发工具等方面也比关系数据库产品差。面向对象数据模型的出现与发展，不会完全取代混合数据模型。今后和长一段时间内将是混合数据库系统、面向对象数据库系统和对象-关系数据库系统并存的局面。

**3. 空间数据库逻辑设计的步骤和内容**

1）初始模式形成。把E-R模型转换成选定数据库管理系统所支持的记录类型，包括混合数据模型、对象-关系数据模型、面向对象模型等。

2）子模式设计。子模式是应用程序和数据库的接口，允许有效的访问空间数据库而不破坏数据库的安全性。

3）模式评价。对逻辑数据库模型，根据定量分析和性能测算做出评价。定量分析是指处理频率和数据容量及其增长情况。性能测算是指逻辑记录访问数目、一个应用程序传输的总字节数和数据库的总字节数等。

4）优化模式。为使模式适应信息的不同表示，可以利用数据库管理系统的性能，如建索引，散列功能等，但不修改数据库的信息。

## 4.4 空间数据库的物理设计

**1. 数据物理结构设计**

数据物理结构设计是对数据库存储结构和存储路径的设计，是指有效地将空间数据库的逻辑结构在物理存储器上实现，确定数据在介质上的物理存储结构，其结果是导出地理数据库的存储模式（内模式），即逻辑设计如何在计算机的存储设备上实现。完成设计后，要进行性能分析与测试。物理设计在很大程度上与选用的数据库管理系统（DBMS）有关。

数据物理结构设计的步骤如下。

1）确定数据库的物理结构：包括确定需要存储的数据对象、确定数据的存放位置、确定数据的存储结构、确定数据的存取方法、确定系统配置等。

2）对物理结构进行评价：分析时间效率、空间效率、维护代价及用户要求等。

**2. 数据物理结构设计内容**

数据库的物理设计，是从一个满足用户信息需求的、已确定的逻辑数据模型出发，构建出一个有效的、可实现的物理数据库结构。物理设计常常包括加强数据库的安全性、完整性控制，以及保证一致性、可恢复性等，是以牺牲数据库运行效率为代价的。设计人员的任务是要在实现代价和尽可能多的功能之间进行合理的平衡。空间数据库的物理模型设计结合GIS系统设计的需要，主要包含了以下内容。

a. 存储记录的格式设计。对空间数据项类型特征作分析，对存储记录进行格式化，再进行数据压缩或代码化。例如对栅格数据的压缩，用以节省存储空间。此过程中要注意数据的质量控制，避免空间数据精度的丢失。

b. 存储方法和数据更新设计。物理设计中最重要的一个考虑是把存储记录在全数据库范围内进行物理存储安排，常见的存储方法有顺序存储、散列存储、索引存储、聚簇存储等。存储设计过程要考虑到数据维护和更新的方便，这也是提高数据库运行效率的有效途径。

c. 访问方法设计。访问方法设计为存储在物理设备上的数据提供存储结构和查询路径，通过合理的组织数据结构，建立空间索引的方法。

d. 完整性和安全性考虑。根据逻辑设计中提供的对数据库的约束条件，具体选择的数据库管理系统和操作系统的性能特征及硬件环境，设计建立数据库完整性和安全性措施。例如，通过设计管理权限，设置数据的访问和操作权限，就在一定程度上确保了数据的安全性。

e. 故障恢复方案设计。在空间数据库设计中考虑的故障恢复方案，一般是基于数据库管理系统提供的故障恢复手段，如果数据库管理系统已经提供了完善的软件硬件恢复和存储介质的故障恢复手段，那就要设置好相应的物理参数，如缓冲区个数、缓冲区大小、逻辑块的长度等等。如果具备合理的故障恢复方案，可以减少不必要的人工备份。

## 4.5　空间数据库的符号设计

### 1. 空间数据库符号概述

空间数据库最基本的可视化方法是图形符号法。地图符号是表达地图内容的一种手段，是地图语言的一种图形形式。空间数据库的可视化实际上就是对空间数据的符号化。

空间数据库一般都需要可视化，大部分都可视化地理实体的基本属性或特征，而可视化主要是通过符号化实现的，所以，每个空间数据库一般都必须有自己的符号库。

地图符号是地图语言，它的设计和绘制在地理信息的可视化中有非常重要的意义。地图符号既表示了实体的形状、位置、结构和大小信息，也表示了实体的类型、等级以及其他数量/质量特征。它不仅能表示现实的与抽象的、可见的与不可见的现象，而且能反映现象的内部特征、结构、相互联系与动态变化。

符号图形的表达主要是通过地图符号系统来实现的。地图符号系统运用各种抽象的视觉形象来反映客观环境的地理信息，应具有共同性、概括性、系统性和可视化的特点。

空间数据库的符号的类型可按以下两种方式划分。

1）按照几何类型可划分为：点状符号（几何符号和艺术符号）、线状符号、面状符号。

2）按照属性特征可划分为：定性符号、等级符号和定量符号。

空间数据库是通过电子地图的方式将空间数据可视化的，电子地图从传统的模拟地图中脱离出来，在地图可视化表达的理论、技术和方法上都有了显著的变化。电子地图作为现代新的一类地图品种，目前还未形成规范化的符号系统，因而符号设计是电子地图设计和制作中的一项重要内容。

符号设计是确定地图内容的图形表示方法。符号设计的内容包括符号的形状、尺寸和色彩。电子地图符号的设计时要考虑显示器的特性，特别是分辨率和颜色对设计的影响。分辨率高，可缩小符号尺寸，增大电子地图的容量。

国家基本比例尺的电子地形图，其符号图案应与纸质地图的符号保持一致，即遵守现行的地形图的图式标准，以利于阅读的连续性。但符号的尺寸、颜色要根据屏幕分辨率和地图显示的要求进行设计。

电子地图是放大镜式的缩小，是动态的缩小，符号尺寸随视图范围或视图比例尺变化，视图范围越大或视图比例尺越小，则符号就越小。屏幕图形比例尺的变化并不影响和改变其空间数据本身的比例尺特征。但是符号的尺寸决定电子地图视图范围的大小，它们之间成正比的关系。所以，与纸质地图不同，电子地图没有固定的视图范围和视图比例尺，因此也就没有固定的符号尺寸。

### 2. 空间数据库符号设计

#### （1）设计原则

电子地图中不同类型的地理要素都有其对应的图形符号，但是这些符号又不是孤立存在的，他们共同表达完整的相互联系的地理信息。因此，图形符号的设计既要考虑不同要素的特征差异，又要考虑他们之间空间和语义上的联系而具备的共性。具体原则为下述几点。

1）符号设计应与电子地图的应用需要和内容相一致。

2）传统习惯与象征性的影响。

3）符号的系统性与适应性。

#### （2）视觉变量

地图符号的特征差异取决于视觉变量（也叫作基本图形变量）。视觉变量是指能够引起视觉差别的图形和色彩变化因素。地图符号的视觉变量主要有符号的形状、大小、方向、明度、密度、结构、颜色和位置等。

地图符号能够通过各变量的不同变化以描述不同性质和特征的地理现象，因此很容易被人理解。

在电子地图的符号设计中往往同时采用两种以上的视觉变量，以便于同时区分质量与数量特征的变化。

#### （3）图案设计

地球表面上的地理实体是客观的和绝对的，但地形图的表示方法是主观的和相对的。同一种实体因尺寸大小和分布状况不同，不同分辨率的电子地图对其的表示方法和取舍标准也不相同。 为了保持地图符号作为地图语言的统一性，以利于阅读的连续性。电子地形图的符号系统，应该在图案上和纸质地图保持一致。

（4）颜色设计

色彩是现代地图语言的一个重要组成部分，也是构成地图符号的图形变量之一。色彩的正确运用，可以简化符号的图形，增强地图内容的科学性，还可增强地图的视觉效果。彩色图形显示器丰富的色彩性能，使电子地图的显示有足够的颜色可供选择，这是电子地图的一大特点。

色彩的表现力体现在符号的颜色可明显区别物体或现象的分类、分级、质量、数量、主要、次要等方面。因此可利用色彩明暗和深浅的变化来区分主次，在同一画面上产生两层平面视觉效果，使一些重要的实体或主要的要素突出于其它要素之上，使主要内容不受次要内容的干扰。同一个图层上，同一个级别的符号颜色相同，不同级别的符号颜色不同；要素级别越高，其符号颜色越显眼；要素级别越低，其符号颜色越暗淡。

（5）尺寸设计

符号的尺寸（包括大小、密度和线型比例）设计主要是研究符号的大小和线划的粗细。与纸质地图符号的尺寸不同，影响电子地图符号尺寸的最主要因素是图形载体的分辨率。

在电子地图中，符号尺寸随视图范围或视图比例尺变化，视图范围越大或视图比例尺越小，则符号就越小。符号的尺寸可根据所处区域的比例尺有所不同，考虑到不同比例尺地图的制图精度和视图范围大小具有不同的需求，符号太大，则视图范围大，但制图精度不允许。相反，符号太小，则制图精度允许，但视图范围太小。所以，符号的尺寸应该根据其比例尺适当选择。

### 3. 空间数据库符号库建立

虽然每一种GIS都具有自己的符号设计制作系统，但从空间地物的图式符号综合来看，地物要素的符号库设计包括了符号类型设计和地物要素符号样例设计。

一般情况下先要设计出符号类型，它是设计系统符号库的基础（见表4-4），在符号类型的基础上再按照地理实体的类型详细设计每一个地理实体的符号（见表4-5）。

**表4-4 地物要素的符号类型表**

| | 英文代号 | 符号类型代码 | 符号定义 | 符号举例 |
|---|---|---|---|---|
| 点状符号 | G(Ground point) | 0 | 具有一定大小、颜色和方向的点类符号 | 埋石图根点、阀门 |
| 简单线性符号 | L(Line) | 1 | 具有一定宽度和颜色的实线 | 实线田埂、海岸线 |
| 复杂线性符号 | LC(Line complex) | 2 | 指按一定步距连续均匀地插入基本绘图指令、图元或文字而形成的线类符号 | 干出线、瀑布、跌水 |

**续表**

| | 英文代号 | 符号类型代码 | 符号定义 | 符号举例 |
|---|---|---|---|---|
| 两点比例类型符号 | P(Proportion) | 3 | 根据两个基本点定位的，或按基线长度比例缩放的线类符号 | 宣传橱窗、广告牌、隧道入口 |
| 四点结构类符号 | Y(Yacc) | 4 | 由有限个基本点定位的、可按定位点通过固定规律生成辅助线的线类符号 | 明峒、浮码头跳板设施 |
| 面状填充符号 | H(Hatch) | 5 | 指定范围线内按一定规律填充的面类符号 | 坟群、火烧迹地 |
| 特殊类符号 | E(Extrasymbol) | 6 | 指无法用上述5种符号定义规则描述，而需要编写特定程序实现的具有线装或面状特征的线类符号 | 已加固的路堤、人行索桥 |

**表4-5　地物要素的符号样例表**

| 标准代码 | 要素名称 | 图式符号 | 几何类型 | 符号类型代码 | 说明 |
|---|---|---|---|---|---|
| 111100 | 一等三角点 | △ 凤凰山 3.0 394.468 | 点 | 0 | 属性内容：凤凰山—点名；394.468—高程。（等级点高程值取3位） |
| 211025 | 一般房屋 | 混 3 | 面 | 5 | 属性内容：混—房屋结构；3—房屋层数 |
| 314125 | 开采的竖井井口 | ⊗ 或 ╳ | 面 | 5 | |
| 431325 | 城市主干道 | ▬ | 面 | 5 | 由道路边线及首尾封闭组成 |
| 511113 | 高压电力线（连线） | ＊ 63.20 | 线 | 3 | 属性内容：63.20—高程；用于生成DEM |
| 811012 | 首曲线 | ⊢4.0 | 线 | 2 | |
| 531000 | 地形地貌高程点 | — ‥ 0.15 | 点 | 0 | |
| 911025 | 稻田 | ↓ ↓ ↓ | 面 | 5 | |
| 911100 | 稻田符号 | ↓ 3.0 1.0 | 点 | 0 | |
| 937612 | 行树 | ○ ○ ○ 100 1.0 | 线 | 2 | |

# 第5章 GIS数据采集

GIS数据包括基础地理空间数据、专题地理数据和多媒体数据，其中基础地理空间数据是专题要素的定位依据，并说明专题要素与周围环境之间的联系；为专业数据的分析和展现提供基础地理背景。专题地理数据是用户管理对象的信息，是GIS管理的主要对象。多媒体数据包括文字、图像、音频、视频等电子数据，一般都是对GIS管理对象属性信息的补充说明，是专题地理数据的补充。

GIS数据具有下述三大特征：①空间特征：主要表示现象的空间位置或现在所处的地理位置。空间特征又称为几何特征或定位特征，一般以坐标数据表示，例如笛卡尔坐标、经纬度等。②属性特征：主要用以描述事物或现象的特性，即用来说明"是什么"，如事物或现象的类别、等级、数量、名称等。③时间特征：主要用以描述事物或现象随时间的变化，其变化的周期有超短期的、短期的、中期的、长期的等等。例如土地利用、城市的范围等逐年变化。其中空间特征数据和属性特征数据是GIS数据采集的重点内容。

GIS数据可从现有资料（统计资料、法律法规以及过去的调查成果等）中采集，也可从遥感影像中解译（例如水资源调查和森林资源调查），或以地图或影像为底图进行调绘采集（例如电信设施调查和农村土地利用现状调查），或用外业实测（即大地测量的方法）（例如城镇地籍调查和城市部件调查）以及摄影测量的方法采集。在实际工作中，这些方法都是根据具体的实际情况综合采用的。

## 5.1 GIS数据采集与数字化测绘的区别

### 1. 引言

地理信息系统由空间数据、GIS软件、计算机硬件和用户四部分组成，其中空间数据犹如人体中的血液和汽车中的汽油，在地理信息系统中具有非常重要的基础作用。所以，地理信息调查或GIS数据采集是地理信息工程中一项重要的业务，是大部分地理信息工程中工程量最大的子工程。为地理信息系统采集数据与数字化测绘都采用相同的测量或定位技术，但GIS数据采集并不等同于数字化测绘。所以在GIS数据采集工作中，应从管理地理对象或地理信息的角度抽象和测量地理实体，并组织和管理其数据。

　　随着地理信息产业的蓬勃发展，为地理信息系统采集地理信息或数据的工作已经成为测绘行业一项新的业务。为地理信息系统采集地理信息或数据的工作通称为地理信息调查，又称为GIS数据采集，例如，目前广泛开展的城市部件调查、城镇地籍调查、电信资源调查、土地调查等都属于地理信息调查业务。

　　受传统测绘业务和惯性思维的影响，很多测绘专业技术人员都把GIS数据采集视为数字化测绘，尤其是在城市为各种城市地理信息系统采集数据的工作，例如城镇地籍调查和城市部件调查等都是典型的GIS数据采集项目，却都被视为数字化测绘业务。结果出现了很多诸如数据不合相应地理信息系统要求等不应该出现的问题。

**2. GIS数据采集与数字化测绘的相同之处**

　　GIS数据采集与数字化测绘是两项性质不同的业务，但它们之间也有相同之处，具体说来包括以下两方面。

**（1）对象相同**

　　GIS数据采集与数字化测绘的对象都是地球表面上的地理实体，虽然两者的侧重点不同（前者侧重于某一行业或某种专题地理实体，而后者则侧重于全部的地理实体），有时两者对同一个客观实体的命名也不同，但两者都需要测量地理实体的空间位置和几何形状。

　　例如，在城市部件调查中，把各种井盖、路灯、电杆和绿地等地理实体统称为城市部件，测量这些地理实体的位置和形状，而在大比例尺数字化测图中，却把这些地理实体统称为地物，也需要测量它们的位置和形状。又例如，在城镇地籍调查中，把作为权属界线的各种围墙、栅栏、铁丝网和建筑物等线状地物的拐点统称为界址点，对它们进行测量定位。而在大比例尺数字化测图工作中，则把上述拐点位统称为地物特征点，对它们进行测量定位。

**（2）技术相同**

　　GIS数据采集与数字化测绘都使用全站仪、GPS等测绘仪器，都采用解析法等测量和定位方法，都是在某一个的空间参考基准或坐标系统下开展工作的，可以说GIS数据采集与数字化测绘采用相同的测量或定位技术。

　　例如，在城市部件调查中，需要在与调查底图同一个空间参考基准下开展城市部件空间数据的采集工作，而城市部件的空间位置与几何形状的采集既可以用全站仪采集，也可以用GPS接收机采集，且大都用解析法采集。同样，在城镇地籍调查中，界址点测量是城镇地籍调查采集宗地空间数据的基本工作，它通常也都采用全站仪和GPS接收机，也都采用解析法测量。

**3. GIS数据采集与数字化测绘的不同之处**

　　GIS数据采集与数字化测绘虽有以上相同之处，但两者在工作目的、工作内容、选取和抽象的原则、工作难点、精度要求以及数据组织与管理的方法等6个方面有着明显的区别。

（1）工作目的不同

GIS数据采集与数字化测绘都需要采集与地理实体定位和形状等几何特征有关的空间数据，但前者是为了管理地理实体而采集其地理信息；而后者则是为了在地图上表达地理实体而采集其地理信息。

GIS数据采集是为地理信息系统采集数据的工作，地理实体作为地理信息系统管理的对象具有明显的空间分布特征，其定位和形状方面的信息是重要的地理信息，因此，需要采集地理实体定位和形状方面的数据，作为地理信息系统管理的重要内容。而数字化测绘则是测量和表达地理信息的技术，它测量地理实体特征点的位置,并将这些数据可视化，绘制成地图，其目的在于反映和表达地理信息。

例如，在城市部件调查中，城市部件的空间位置是其重要的地理信息，是城市部件出现问题后确定其位置的重要依据，在数字化城市管理系统中具有重要的作用。在城镇地籍调查中，界址点的空间位置决定了宗地的位置和面积，具有重要的法律效力，因此是城镇地籍信息系统重要的管理内容。

（2）工作内容不同

GIS数据采集的地理信息不仅包括空间数据，也包括属性数据。数字化测绘仅仅是采集地理实体的空间数据。

例如，在城市部件调查中，不仅要采集城市部件的空间数据，还需要调查其管理部门、权属部门、维护部门和状态等属性信息。在城镇地籍调查中，除了要测量界址点的坐标从而确定宗地的空间位置和面积外，还需要调查宗地的权利人、权属性质和土地利用类型和四至等属性信息。

（3）选取和抽象的原则不同

测绘地图,尤其是测绘大比例尺地形图时,选取地物的原则主要有两条：一是地物的空间大小，二是地物的重要程度。一般情况下，比较大的和比较重要的地物都会被选取绘制到地图上，而抽象的原则则完全是根据地物的空间大小与地图的比例尺来确定的，即空间尺寸大于比例尺精度的地物通常都会被依比例尺表达，而空间尺寸小于比例尺精度的地物通常都会被不依比例尺或半依比例尺表达为点状符号或线状符号。

采集GIS数据时，地理对象的选取原则完全取决于该地理对象是否是系统管理的对象，地理对象的抽象原则完全取决于系统管理的需要，而不管它的空间尺寸和重要程度，例如，在数字化城市管理系统中，建筑工地再大也被抽象为点，而绿地再小也被抽象为面。

（4）工作难点不同

GIS数据采集的难点是属性调查，而数字化测绘的难点是地物和地形的抽象和表达。

地理实体的属性信息不像其空间特征那么直观，需要到相关的部门查阅资料和询问相关的人员，而且必须保证调查得到的信息必须完整和准确。例如，在城市部件调查中，由于城市基础设施和公用设施建设的不规范或多样化，许多城市部件很难界定其名称，这样就更难以调查其它属性信息了。在有些城市，即使是同一种城市部件，在不同的区域其管理部门、权属部门和维护部门等属性信息也不相同，为调查增加了难度。在城镇地籍调查中，权属界线的调查与核实是调查工作中最难的事情，既要确定权属界线的位置，又要求界线两侧的权利人认可并签字，有时由于土地权属纠纷的主观原因和找不到权利人的客观原因，调查工作就更困难了。

在数字化测绘工作中，地物和地形本身的形状就是很复杂的，从现实中抽象出其空间形状和特征点并测量出其坐标就是一件困难的事情，而更困难的事情就是在地图上根据其特征点用地图符号将其表达出来，尤其是复杂地形的表达，以及复杂的综合地物的表达。例如，在城市大比例尺地形图测绘工作中，由于建筑和道路设计的多样化，许多建筑物和道路设施不仅难以抽象测量，更难以在图上用符号表达。

### （5）精度要求不同

GIS数据采集和数字化测绘对地理实体定位测量的精度要求通常都是不同的，与同一比例尺地形图测绘精度相比较，有些GIS数据采集精度要求较高，有些则很低。

在城市部件调查中，数字化城市管理系统对城市部件空间数据的定位精度与其调查底图的测绘精度相比，是非常低的。例如，城市部件调查对空间位置或边界明确的部件，如井盖、灯等点状部件的点位中误差的要求为不大于±0.5m，而其调查底图1：500地形图对点状地物的点位中误差的要求则为不大于±0.25m。

在城镇地籍调查中，城镇地籍信息系统对界址点的定位精度与其调查底图的测绘精度相比，则是比较高的。城镇地籍测量对界址点测量的点位中误差的要求为不大于±0.05m，是其调查底图1：500地形图对地物特征点点位中误差要求的1/5。

### （6）数据组织和管理方法不同

地图数据与GIS数据是两个相近的概念，地图数据强调对地理信息的描述或地理实体的表达，是以制作地图为目标的；而GIS数据则强调对地理信息或地理实体的管理，是以建立管理系统为目标的。虽然两者的空间数据都是几何数据，且生产方式相同，有时把地图数据与GIS数据都称为空间数据，但其组织方式和管理方法却不完全相同，前者通常都用面条或实体数据结构，而后者则通常使用拓扑数据结构，以便于对地理实体的空间位置关系进行分析。

地图主要是用地图符号表达地理实体特征的，所以，地图数据主要是表达地理信息的各类地图符号数据，地图数据的最大特点是只有几何数据（或只有几何数据及其属性编码），没有属性数据，它是用地图符号表达地理实体属性特征的。而GIS则是用属性信息表达地理实体的属性特征的，所以，GIS数据由两部分组成，一部分是描述地理实体几何特征的几何数据，另一部分则是反映地理实体属性信息的属性数据。GIS数据可以根据其属性数据将几何数据符号化后转换为地图数据，但只是丰富了GIS数据，它仍与地图数据有明显的差别。空间数据和属性数据因为特性不同，其管理方式也不相同，空间数据通常都是用文件方式进行管理的，而属性数据则是用数据库方式管理的。

## 5.2　基础地理数据采集方法

制作专题地图时需要先编制地理底图，同样在开发应用型地理信息系统时也需要采集基础地理数据。作为统一的空间定位空间框架和空间分析基础的地理信息数据，不同的应用型GIS对基础地理信息数据的使用或要求是不同的，有些应用型GIS只需要某些基础地理要素参与空间分析，而需要某些基础地理要素作为背景，例如地籍信息系统通常需要建筑物作为面参与土地容积率的计算和分析，数字城管系统则需要将道路既作为面，又作为线参与城管查询和分析，而其它要素只作为背景使用。所以，应用型GIS通常使用的基础地理数据主要包括矢量和栅格的两种形式。一般情况下，参与分析的基础地理要素都是矢量的，而作为背景的基础地理要素可以是矢量的（通常都是以地图的形式），也可以是栅格的（通常都是正射影像图），也有用数字高程模型参与空间分析的。

### 1.基础地理数据的采集

基础地理数据主要来源于以下3种方式：现有地形图或基础地理信息数据库，全野外测绘，摄影测量等。

### （1）从现有数据中采集

与我们常见的专题地图相比，地形图是全面反映地理信息的一种地图，图中内容全面均衡且精度较高，所以是最主要的基础地理数据源。过去大部分地形图都是纸质的，需要用数字化的方式进行采集，而现在大部分的地形图都是数字形式的或已经建成基础地理信息数据库，所以现在从现有数据中采集基础地理数据就变得非常简单了，只要从现有的数字地形图或基础地理信息数据库中加工提取即可（该内容在本书第六章中介绍）。

对于少数的纸质地形图，一般都采用屏幕矢量化的方式采集，即将原有的纸质地形图扫描后数字化。

### （2）全野外测绘采集

全野外数据采集是全站仪、实时动态GPS等技术在现场逐点采集要素特征点的X，Y，H坐标，经室内编辑成图，特点是成图精度高、质量好，但成本高。适用于面积较小的区域的数据采集。

### （3）航空摄影测量采集

利用全数字摄影测量系统（DPS）采集数据，它是大面积数据采集和更新的主要手段。特点是速度快、成本低、可生产多种数字产品。随着实时摄影测量技术的完善和低空摄影技术的普及，摄影测量技术在基础地理数据采集中将发挥越来越大的作用。

### 2. 数字高程模型的生产

有些应用型GIS需要数字高程模型作为基础地理要素（如在分析水土流失时，需要根据坡度来分析）。小区域的DEM可使用全站仪或RTKGPS在现场采集一些地形特征点生成DEM，大区域的DEM生产的常规方法有以下两种。

#### （1）地形图等高线扫描数字化

地形图等高线扫描数字化的生产流程如图5-1所示。

这种方法利用原有基础地理数据资料，如果使用的资料现势性和测绘质量均较好，则可以获得数学精度较高的DEM。其缺点主要有：①自动化程度不高。尤其是对于线划密集的彩色地图，目前使用的线划跟踪法和数学形态学方法都显得不够强壮，对于注记字符识别的智能水平也不高，效率较低。②高程值内插失真。用现在的内插方法建立的DEM都无法保证在经过内插获得的等高线不失真。③DEM的现势性不高。由于现有地形图一般测图时间较早，地形的变化现状难以得到反映。

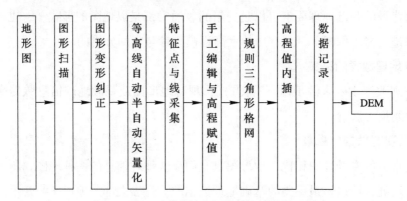

图5-1　地形图等高线扫描数字化的生产流程

#### （2）采用全数字化摄影测量的方法

该方法生产流程见图5-2，目前国内大部分DEM的生产采用这种办法。

此种方法适用于面积较大区域的DEM生产，DEM是DOM生成的支撑数据，在数字摄影测量系统中，DEM可自动生成，经编辑加工后可获得DEM产品。其特点是效率高、速度快。

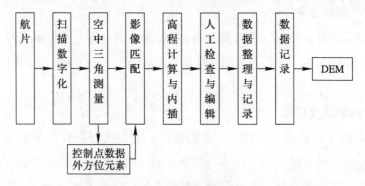

图5-2　航测法DEM生产

这种方法的缺点是：①影像匹配的可靠性问题尚未彻底解决，还需要用人工的方法检查匹配结果中的粗差，予以改正；②高程内插的智能化水平不高，存在着与地图数字化类似的问题，即当有若干观测值点后，如何智能地选择不同的函数内插待定点的高程值；③航测的原始资料是航空影像，而航空摄影受天气等因素制约较大。

除上述方法之外，生产DEM还有以下方法。

1）卫星三线阵影像立体测图。这种同轨的三线阵数据能构成良好的立体影像，采用与航空摄影测量相同的原理方法生产相应精度的DEM。

2）微波遥感。用合成孔径雷达（SAR）影像采用IN-SAR（干涉雷达）技术或DIN-SAR(动态差分干涉雷达）技术生产DEM，不受天气条件限制。

3）机载激光测高。LIDAR（激光测距仪）和IMU（惯性测量装置）GPS集成，可以直接构建地面数字高程模型。

**3. 数字正射影像图的制作**

影像资料由于其多时相、直观和易得的优势，除了行政界线和地物名称等抽象要素外，影像图能够较全面地反映地面上地物的空间信息和基本特征。所以正射影像图（DOM）正越来越多地被当作基础地理数据使用。

大面积区域DOM生产，目前主要有下列两种方法。

**（1）航测法**

由航摄影像片生产DOM，其生产流程如图5-3所示。

这种方法的优点是可在获取DEM和DRG的同时获取DOM，可以制作大比例尺DOM。

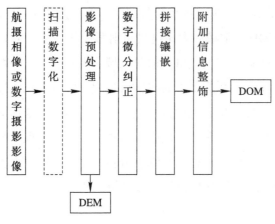

图5-3　航测法DOM生产

这种方法存在的主要问题是：①大比例尺影像中高层建筑图像处理困难；②航空摄影受天气等因素制约较大。

**（2）卫星影像生产DOM**

由卫星影像生产DOM的生产流程如图5-4所示。

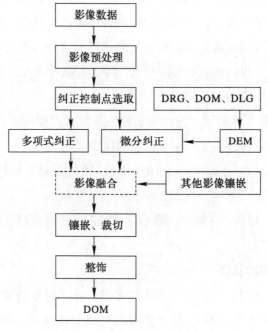

图5-4 卫星影像生产DOM

这种方法的特点是作业覆盖面积大，速度效率最佳。这种方法存在的主要问题是：控制点选取误差较大。因为卫星影像大多是非立体影像，无法像航空影像那样可以立体观测刺点，而人工作业中普遍选刺点精度偏低。应研究推广图像图形匹配方法代替人工选刺控制点的方法。

遥感数据以3种方式输入地理信息系统数据库。①直接输入遥感图像，作为GIS的一个图层。尤其是对于城市GIS，常采用大比例尺正射影像作为基础背景图层，其他图层的矢量实体则可选择并叠合于影像之上，可获取对区域景观和有关空间特征非常直观的视觉效果。如果进一步叠合数字高程数据则可获得区域景观三维可视化效果；②直接输入分类遥感图像，创建栅格图像专题图层。这种方式主要用于栅格结构地理信息系统；③将分类遥感图像转换为矢量专题图层。通常由不同时相遥感图像分类处理并转换的专题信息将时间序列构成不同的专题图层，供动态检测与综合分析使用。如通过将土地资源及植被遥感分类结果与已知数据进行比较、变化监测和综合分析，研究区域环境的变化等。

## 5.3 现有资料提取法

### 1.现有资料的内容

从现有资料中提取GIS数据是最经济的数据采集方法，能够提取GIS数据的现有资料包括以下3种。

1）地图。各种类型的地图是GIS最主要的数据源，因为地图是地理数据的传统描述形式，是具有共同的参考坐标系统的点、线、面的二维平面形式的表示，内容丰富，图上实体间的空间关系直观，而且实体的类别或属性可以用各种不同的符号加以识别和表示。我国大多数的GIS其图形数据大部分都来自地图。但地图也有现势性差和可能需要投影转换的缺点。

2）统计数据。国民经济的各种统计数据常常也是GIS的数据源，如人口数量、人口构成、国民生产总值等等。

3）数字数据。目前，随着各种专题地图的制作和各种GIS的建立，直接获取数字图形数据和属性数据的可能性越来越大。数字数据也成为GIS信息源中不可缺少的一部分。但对数字数据的采用需注意数据格式的转换和数据精度、可信度的问题。

4）各种报告和立法文件。各种报告和立法文件在一些管理类的GIS中，有很大的应用，如在城市规划管理信息系统中，各种城市管理法规及规划报告在规划管理中起着很大的作用。

**2. 现有资料的评价**

对现有资料必须进行分析和评价后才能从中提取GIS数据，评价内容一般包括：①数据的一般评价。数据是否为电子版、是否为标准形式、是否可直接被GIS使用、是否为原始数据、是否是可替代数据、是否与其他数据一致等。②数据的空间特性。空间特征的表示形式是否一致（如GPS点、大地控制测量点等），空间地理数据的系列性（不同地区信息的衔接、边界匹配问题）等。③属性数据特征的评价。属性数据的存在性、属性数据与空间位置的匹配性、属性数据的编码系统及属性数据的现势性等。

**3. 现有资料的处理**

根据系统的信息需求确定数据源，按照数据不同来源，研究其数量、质量、精度和时间特征以及与数据规范化和标准化基本要求相吻合的程度，确定数据处理的内容、范围和方法。

地理数据标准化和规范化的基本内容有：统一的空间定位框架、统一的数据分类标准、统一的数据编码系统、统一的数据记录格式、统一的数据采集原则和统一的数据测试标准。具体对所选择的数据源资料，一般要进行如下处理。

1）现势更新。作为数据源的图形资料，特别是各种比例尺地形图，应在数字化前对其进行现势更新，使之尽可能好地反映现势情况。

2）专题底图转绘。用作数据源的各种专题底图，由于坐标系统、精度等方面的差异，往往与作为背景基础的地形图不完全一致，无法配准。应在数字化前以地形图为基础，将各种专题内容进行转绘，使之能与地形图基础协调，为数据的精确配准奠定基础。

3）图面处理。用作数据源的地形图或专题图，在数字化前，还需要进行必要的图面处理，如将不清晰的或遗漏的图廓角点标绘清楚，将模糊不清或因模拟形式的局限而中断的各种线状图形进行加工，以减少数字化和数据编辑处理的工作量。

4）统计报表整理。用作数据源的各种专题数据和统计报表，在录入前应进行整理，包括数据项名称、度量单位的统一、统计单元与空间图形匹配、公共项设计等。

5）数据转换。用作数据源的现有数据和数据库，需要根据GIS设计，对现有数据（库）的数据项进行选择，对数据项项名、类型、字长等定义进行调整，数据记录格式进行转换等，对于图形数据有时可能还需要做投影转换。

6）制作预处理图。对于地形图或专题图上需要采集的要素，按照规定的分类编码进行选取和标绘，制作预处理图，以便于进行数字化作业。对于某些GIS软件，需分层存储数据，预处理图应分层制作。

## 5.4 解译调绘采集法

### 1. 室内解译法

遥感数据成为GIS的重要数据源，已广泛应用于中小比例尺基础地理信息数据库和地形图的更新，目前高分辨率遥感也可用于大比例尺空间数据采集，并在资源调查、生态环境监测等领域广泛应用。它为地理信息系统动态连续地提供资源、环境等区域空间信息，增强了系统进行动态分析、趋势分析与区域发展辅助决策的能力。

遥感的核心问题就是不同地物的反射辐射或发射辐射在各种遥感图像上的表现特征的判别，不同的目的需要考虑遥感成像方式或者选择波段，这样才能使不同地物在图像特征上区别开来。遥感图像上地物的目视识别主要根据图像像素的灰度和在不同光谱段的变化，以及相同或相近灰度的像素集合的图形形状、色调、结构、颜色等特征。

GIS数据主要以矢量结构表达点、线、多边形等实体单元及其相互关系，而遥感则以像元作为数据处理的单元。遥感信息经分类识别即解译后，地物空间特征，包括面状实体边界、线状实体、点状实体等经过提取处理可按照一定的数据结构存入GIS空间数据库；相应地，所识别的地物属性类型则存入有关属性数据库。遥感影像的解译有自动解译和目视解译两种，但目前较多的是目视解译，它包括以下几个步骤。

1）图像处理。对正射影像图分类和后处理。

2）资料分析。室内解译前可广泛收集与调查区域有关资料，如以往的调查图件资料或数据库、自然地理状况、交通图、水利图、河流湖泊分布图、农作物分布图、地名图等。这些资料不论精确或粗略，都会对室内判读有参考价值。

3）室内解译。室内解译采用的方式有直接目视判读标绘、立体（具备立体像对时）判读标绘以及直接利用已有的数据库与调查底图（DOM）套合解译及标绘。依据影像对界线进行调整标绘。通过室内解译，从影像中判读出地类和界线，并标绘在调查底图上。对影像不够清晰或室内无法判读的地类或界线，由野外补充调查确定。

4）外业实地核实和补充调查。外业之前，首先要计划核实和补充调查路线、核实和补充调查重点以及一般查看的内容，做到心中有数，既要对内业解译内容进行全面核实和补充调查，保证成果质量，又要突出重点，提高工作效率，发挥内业解译的作用。

这种方法首先在室内直接对影像进行解译，将认为能够确认的地类和界线、不能够确认的地类或界线、无法解译的影像等，用不同的线划、颜色、符号、注记等形式（根据自己的习惯自行设定）都标绘在调查底图上。然后到实地，将内业标绘的地类、界线等内容逐一进行核实、修正或补充调查。将内业解译正确的予以肯定，不正确的予以修正，新增加的地物予以补测，并用规定的线划、符号在调查底图上标绘出来，将地物属性标注在调查底图或填写在调查记录手簿上。

这种方法可以将大量外业调绘工作转入室内完成，减轻外业调绘的劳动强度和提高调绘的工效，这是遥感应用于数据采集的重要优势。

对于遥感图像中获取的图像信息，一个像元记录的信号代表了整个像元范围内的平均反射值。通常，遥感数据精度取决于图像分辨率——像元大小。由栅格图像向矢量数据转换的解译可能出现的位置误差取决于矢量实体在各图像栅格中的位置。对于某一地理信息系统来说，首先应根据其应用目的和区域范围内与模型分析有关专题的实体分布特征确定"最小制图单元"，再选择具有适用空间分辨率的遥感图像。

**2. 野外调绘法**

野外调绘法，是持调查底图直接到实地，将影像所反映的地类信息与实地状况一一对照、识别，将各种地类的位置、界线用规定的线划、符号在调查底图上标绘出来，将地物属性标注在调查底图或填写在调查记录手簿上，最终获得能够反映调查区域内的原始调查图件和资料，作为内业数据库建设的依据。这种调绘方法主要作业都是在外业实地进行，因此称为野外调绘法。下面就以土地调查为例介绍野外调绘数据采集法。

野外调绘包括四个主要方面的内容：①当影像上地类界线与实地一致时，将地类界线直接调绘到调查底图上；②当实地地物与影像不一致时，采用实地测量方法，将地物补测到调查底图上；③当有设计图、竣工图等有关资料时，可将新增地物的地类界线直接补测在底图上，但必须实地核实确认；④将地物的属性标注在调查底图或调查记录手簿上。

野外调绘法的优点是，调绘工作一次性全部完成，准确度高，但缺点是用时较长且工作强度较大，适用于影像分辨率较低、影像现势性不强、影像解译能力较差和调查经验不足人员使用。

野外调绘中，外业实地调查是土地调查不可忽视的重要阶段。外业调查方法、程序、步骤因人而异，不尽相同，但选择合理的方法、程序、步骤，对保证调查质量和提高调查效率、减轻劳动强度，将发挥重要作用。下面介绍外业调查的基本程序和要求。

1）设计调绘路线。在外业实地核实、调查前，在室内首先要设计好调绘路线。调绘路线以既要少走路又不至于漏掉要调绘的地物为原则，并做到走到、看到、问到、画到（四到）。这里走到是关键，只有走到才能看到、看清、看准地物的形状特征、地类、范围界线、与其他地物的关系等，才能依据影像将地类界线标绘在影像的准确位置（画准）。对于影像不清晰、实地发生了变化、地理名称、双方飞入地、权属性质、隐蔽地区（如林地中有无道路、山沟深处有无耕地等）地类等都要向向导或当地群众——询问清楚，既不漏掉该调查的内容又提高了调查精度和效率。

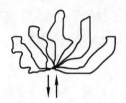

图5-5　调绘路线示意

根据这些调查要求，平坦地区通视良好，调绘路线一般沿居民点外围和主要道路调绘。居民点分布零乱的可采用"放射花形"或"梅花瓣形"为调绘路线（见图5-5），不走重复路。

丘陵山区可沿连接居民点的道路调绘，或沿山沟调绘，同时对两侧山坡上的地类也进行了调绘，从山沟进入走到山脊，从山脊再下到另一条山沟形成之字形路线。当山坡调绘内容较多时，一般沿半山腰等高线调绘，以便兼顾看到山脊和山沟的地物。城市、建制镇、村庄、采矿用地、风景名胜及特殊用地无须进入，只需沿其外围走并调绘其外围界线。河流、铁路、公路等线状地物可沿着线状地物边走边调绘。

2）确定站立点。为了提高调绘的质量和效率，按计划路线调绘时，要向两侧铺开，尽量扩大调绘范围，这时站立点选择非常重要。到达调查区域后，首先要确定站立点在图上的位置，站立点一般选择在易判读的明显地物点上，地势要高，视野要广，看得要全，如路的交叉点、河流转弯处、小的山顶、居民点、明显地块处等。确定站立点后，找出一两个实地、影像能对应起来的明显地物点进行定向，使调查底图方向和实地方向一致。

3）核实、调查。站立点确定后，要抓住地物的特点。核实、调查应采取"远看近判"的方法，即远看可以看清物体的总体情况及相互位置关系，近判可以确定具体物体的准确位置，将地类的界线、范围、属性等调查内容调绘准确。通过"远看近判"相结合，将视野范围内的内业解译内容依据实地现状进行核实。当解译的界线、线状地物、地类名称等与实地一致时，则在图上进行标注确认；当不一致时，依据实地现状对解译的界线或线状地物或地类名称等进行修正确认；对未解译的，将视野范围内需调绘的界线、线状地物、地类名称等内容标绘在调查底图准确位置上。同时，将调查内容的属性标注在调查底图上或填写在调查记录手簿上。

每完成一站立点、一天的调绘工作都要认真检查，没有问题时再进行下一站立点、明天的工作，否则要进行修改、补充、完善、甚至返工，以保证每一站立点、每一天调绘内容的准确。

4）边走边调绘。掌握调查底图比例尺，建立实地地物与影像之间的大小、距离的比例关系，在到达下一站立点途中，可边走、边看、边想、边判、边记、边画，在到达下一站立点后，再进行核实。这里要注意的是，两个站立点之间所标绘的各种界线、线状地物、地类名称、权属性质等调绘内容须衔接、不能产生漏洞。

5）询问。在调查过程中应向当地群众多询问。①及时发现隐蔽地类，如林地中被树木遮挡的道路，山顶上的地类，山沟深处有无耕地、居民点等重要地类；②核实注记地理名称或依据名称寻找实地位置；③通过询问确定工矿企业及各种调查内容的国有或集体权属性质。为了保证调查的准确，对询问的内容要反复验证。通过询问，可以发现一些隐蔽的地物和属性的确认或核实，这也是提高工作效率、保证调查质量的重要手段。

以上调查的方法、程序、步骤不是机械地分开，而是有机地结合，视情况灵活掌握，交叉进行，以及根据自己的习惯、经验综合应用。

与我们常见的专题地图相比，地形图是全面反映地理信息的一种地图，图中内容全面均衡且精度较高。所以，在空间数据的采集中，对于精度要求不高、采集区域地物稀疏且容易区分的GIS数据采集（例如城市部件调查、电信资源调查等），可以直接使用大比例尺地形图进行实地调查，即在野外参照地形图上已有的要素或地物，将调绘对象调绘到地形图上，内业再数字化到GIS数据库中的工作。采用地图为工作底图进行调绘的方法与影像的野外调绘法基本相同。

由于对数据精度要求的不同，即便是在同一个数据采集项目中，也可能用到不同的采集方法。比如在城市部件调查中，当采集对象在区域内分布稀疏，易于区分且精度要求不高时，也可采用地图调绘法进行数据采集，比如城市中的各处电力设施以及电信部门的信号交接箱；但是对于在城市中分布密集的各种井盖，即使是在大比例尺地形图上也难于进行准确采集，这种情况下就不能用地图调绘法了，而需要采用精度更高的大地测量采集法。

## 5.5 摄影测量采集法

### 1. 摄影测量学概述

影像是客观物体或目标的真实反映，其中包含着所研究物体的丰富的几何信息和物理信息，而摄影测量学正式基于可以不必接触物体本身这一点，而只在其相片上进行量测和记录获取其信息的。因此，只要物体能被摄成影像，就都可使用摄影测量的方法和技术获取研究对象的信息。

航空摄影测量是将摄影机或传感器安装在飞机上，由飞机在测区按照设计航线飞行，摄影机或传感器每隔一定时间对地面进行拍照或扫描，然后根据摄取的地面照片获取地表信息的一种方式。

摄影测量学是影像信息获取、处理、分析、解译和应用的一门技术科学，其主要任务是：①利用航空或航天遥感影像精确确定目标点的空间位置，以实现非语意信息的提取；②根据影像的特征正确识别目标的属性，以提取影像的语意信息，在此基础上测制各种比例尺的地形图、专题图，建立或更新空间数据库，为各种GIS系统或者数字工程应用系统提供空间数据。摄影测量已成为目前基础地理信息大面积空间数据生产和数据更新的重要手段。航空摄影成果是测制和更新国家基本比例尺地形图的基础信息源，可广泛应用于资源勘探、城镇规划、精准农业、水利灌溉、土地利用与环境监测、防灾减灾及重点经济建设项目等。

**2.摄影测量数据采集方式**

目前，空间数据的采集主要使用数字摄影测量方式，它所依据的主要理论、生产流程以及作业方式与模拟摄影测量、解析摄影测量等基本相同，都是采用不同的方式利用摄影像片在室内构建地面立体模型进行信息的采集，所不同的是数字摄影测量是完全在数字影像的基础上采用"数字相关"技术进行各种定向和解算，用自动相关、匹配与模式识别等技术进行量测生产，用计算机代替大部分的人工生产工作。因此全数字摄影测量不再依赖复杂昂贵的光学仪器，而主要取决于计算机软硬件的性能，更加灵活和方便。

具体地说，数字摄影测量是以立体数字影像为基础，由计算机进行影像处理和影像匹配，自动识别相应像点及坐标，运用解析摄影测量的方法来确定所摄影体的三维坐标，并输出数字高程模型（DEM）和正射数字影像，或图解线划等高线图和带等高线的正射影像图等。这就意味着利用数字摄影测量技术，可以建立起立体像对模型，然后生成数字高程模型。这时不仅可以进行三维立体浏览，还可以由数字高程模型求得真实的地表面积，也可以根据规则格网自动绘制等高线，生成地形图、计算坡长、体积，制作正射影像图，进行DEM虚拟地面模型演示等等。

数字摄影测量对数字影像的计算机全自动化数字处理方法包括自动影像匹配与定位、自动影像判读与识别两大部分。前者通过各类算法对数字影像进行分析、处理、特征提取和影像匹配，来进行空间几何定位，建立DEM，以及进行矢量数据和DOM的生产，或者用于生产专题图等；后者则通过各种模式识别方法提取图像的语义信息，对数字图像进行分类、分级。由于这些技术的采用极大地推动了摄影测量自动化的进程，可以实现框标识别——内定向的自动化，特征点的识别与匹配——相对定向的自动化，基于灰度的整体匹配

——断面扫描的自动化以及地物（如道路、房屋）的自动化或半自动化提取。

少数单位可能还使用解析测图仪进行数据采集，解析摄影测量的数据采集一般利用以下两种方式。

**（1）利用解析测图仪进行机助测图**

解析测图仪从研制、实用到面向GIS的数据采集已发展到第三阶段，其特点是数字测图，为地形数据库和地理信息系统进行数据采集。它不再是仅由测量仪器厂家生产的测量专用仪器，而是计算机的一个外部设备，一个用于从像片采集数据的设备。这种发展并不在于解析测图仪的光机部分，而在于其强有力的支撑软件。一种倾向是在一个数据库系统管理和支持下的数据采集。例如德国的P系列解析测图仪是在所谓PHODIS的摄影测量与制图软件支持下用以建立和管理地图数据库，并可把数据传送到其他的GIS系统。其作业方式一般采用脱机绘图的方式，即在数据采集之后，进行交互图形编辑，然后再进行脱机绘图或将数字产品送入地形数据库或地理信息系统。

**（2）将模拟型仪器改造成机助测图系统**

改造可按机助与机控两种方式进行。按机助方式改造，简单易行，费用较低；按机控方式改造，可提高仪器的精度，减轻作业人员的劳动强度。

1）将立体坐标仪加装编码器，通过接口与计算机连接。接口功能包括数/模转换、数据传输等。它适合于较大比例尺测图的离散点数据采集，但不适合于大量的曲线数据采集。

2）将立体测图仪加装编码器，通过接口与计算机连接。接口功能除了模/数转换、数据传输外，还应能支持各种方式的数据采集。

3）将模拟测图仪改装成解析测图仪，通过数字投影器与计算机连接。数字投影器除了具有接口的功能外，主要还要实时地完成共线方程解算与伺服驱动。

**3. 摄影测量数据采集流程**

目前，应用航空摄影测量进行公路勘测设计已经广泛应用于生产实践中，与传统的公路勘测设计手段相比，航测方法可以获得大面积与实地相似的立体模型和地形图，有利于在大区域内进行路线多方案比选，而且可以保证地形图的成图精度，特别是对人烟稀少、气候恶劣和地形困难地区，效果尤为明显。同时，航测数模技术作为地形原始数据采集的最有效的手段，在路线设计自动化系统中起着愈来愈重要的作用。下面我们就以公路勘测设计为例，介绍航空摄影测量数据采集的主要步骤。

1）相片的定向，在航测解析测图仪上要进行解析内定向、相对定向与绝对定向或一步定向；在机助的立体坐标仪上也要经过上述定向；在机助立体测图仪上，其内定向与相对定向依然与传统模拟测图相同，但需要进行解析绝对定向。

2）在相片定向之后，要输入一些基本参数，如测图比例尺、图幅的图廓点坐标、测图窗口参数等。

3）为了形成最终形式的库存数据，必须给不同的目标（地物）以不同的属性代码（或特征码），因而量测每一地物之前必须输入属性码。数据采集应尽量按地物类别进行，在对每一类地物进行采集前只输入该地物的属性码一次，而不必每测一个地物就输入一次，直到要量测不同的地物，再输入新的特征码，比如先采集居民点，后采集道路。

4）逐点量测地物的每一个应记录的点，或对地物或地貌（等高线等）进行跟踪，由系统确定点的记录与否。

5）当发现错误时，进行联机编辑。联机编辑应包括删除、修改、增补等基本功能，以满足较简单的编辑工作。联机编辑不应过多，以避免降低测图仪的利用效率。

6）所测数据应以图形方式显示在计算机屏幕上，以便随时监视量测结果的正确与否。重复以上特征码输入及地物量测过程，直至一个立体模型的数据全部采集完。

用航测方法从航片上采集的原始地形数据是用于公路勘测设计的基本数据，这些数据由解析测图仪测量得到，以数据文件的方式记录在解析测图仪配置的计算机中，通过接口传到PC中。数据采集的精度，主要取决于航测方案的设计、外业控制测量以及仪器的精密度等因素。为了保证航测采集数据的精度，在作业过程中要加强对建模过程的质量控制，满足相对定向精度、绝对定向精度要求。量测时测标必须切准地面，根据地形等高线点串、注记点、地形断裂线点串等各类数据的特点不同，量测时静态与动态采集结合进行。为保证数据精度，作业员对相同点的动态与静态采集，二次采集的精度应有具体精度指标。对最终数据成果，亦可根据航测合同中规定的精度要求，野外实测抽查一些点，对达不到精度要求的，要详细分析其误差产生的原因，以确定是否能补测、重测，以确保数据能正确反映地面的实际变化。

## 5.6 外业实测采集法

目前来看，外业实测方法基本采用全站仪、实时动态GPS（real time kinetic GPS，RTK GPS）等技术在现场逐点采集要素特征点的x、y、H坐标，特点是精度高、质量好，但成本高，适用于面积较小区域的数据采集。该方法主要应用于地籍信息（主要是界址点）的采集、城市部件调查、电力资源调查等。

**1. 全站仪测量法**

根据精度要求的不同，下面以地籍测量中界址点的测量（精度要求较高的一类）方法和城市部件调查中碎步点测量（精度要求较低的一类）为例介绍采用全站仪进行数据采集的方法。

**（1）界址点的测量方法**

界址点坐标是在某一特定的坐标系中界址点地理位置的数学表达。它是确定宗地地理位置的依据，是量算宗地面积的基础数据。界址点坐标对实地的界址点起着法律上的保护作用，所以一般来讲，在城镇地籍调查中，城镇地籍信息系统对界址点的定位精度与其调查底图的测绘精度相比，是比较高的。城镇地籍测量对界址点测量的点位中误差的要求为不大于±0.05m，是其调查底图1∶500地形图对地物特征点点位中误差要求的1/5。

界址点测量的外业实施一般分为前期资料准备、野外测量实施和观测成果内业整理。

1）进行界址点测量之前，必须在地籍调查表中详细地说明了界址点实地位置的情况，并丈量大量的界址边长，草编宗地号，详细绘制宗地草图。然后进行界址点位置的野外踏勘，实地查找界址点位置，并在草图上标记。最后整理踏勘资料，草编界址点号。

2）界址点的野外测量主要使用全站仪和GPS接收机。测图作业步骤是先控制点测量后碎部点测量、先整体后局部。

首先进行图根控制点测量，目前较为常见的方法是利用GPS RTK技术，此方法将在下节详细说明，下面介绍全站仪在碎步点测量中的基本步骤。

碎部点测量的方法主要有极坐标法和丈量法。通常采用极坐标法进行碎步测量，并记录全部测点信息。在已知坐标的测站点上安置全站仪，输入测站点号、后视点号、仪器高。接着选择定向点，照准好后，输入定向点点号和水平度盘读数。然后可以选择一已知点进行检核，输入检核点点号，照准后进行测量。测完之后将显示X，Y，H的差值，检核合格以后就可以对碎部点进行测量了。

一般来讲，如果对碎部点点号没有特定要求，可以选择点号自动累计方式，这样可以避免同一数据中出现重复点号；当不能采用自动累计方式时，可以采用点号手工输入方式。

需注意的是，使用全站仪测距免去了量距的工作，还可以隔站观测，免受距离长短的限制，不过由于目标是一个有体积的单棱镜，因此会产生目标偏心的问题。偏心可分为横向偏心和纵向偏心，并往往是因为界址点的位置是墙角，测量时要尽量减少这种测距误差。

3）界址点的外业观测结束后，应及时地计算出界址点坐标，并反算出相邻界址边长，填入界址点误差表中，计算出每条边的误差。当一个宗地的所有边长都在限差范围以内才可以计算面积。

当一个地籍调查区内的所有界址点坐标（包括图解的界址点坐标）都经过检查合格后，按界址点的编号方法编号，并计算全部的宗地面积，然后把界址点坐标和面积填入标准的表格中，整理成册。

**（2）城市部件调查碎部点测量**

在城市部件调查中，把各种井盖、路灯、电杆、行树和绿地等地理实体统称为城市部件，城市部件调查的数据采集主要是测量这些地理实体的位置和形状。数字化城市管理系统对城市部件空间数据的定位精度与其调查底图的测绘精度相比，是非常低的。例如，城市部件调查对空间位置或边界明确的部件，如井盖、灯等点状部件的点位中误差的要求为不大于±0.5m，而其调查底图1：500地形图对点状地物的点位中误差的要求则为不大于±0.25m。可以看出，部件调查精度要求要比界址点测量低得多，相应地，在外业采集步骤上也会有一些不同。具体如下。

1）准备工作。取得数据采集区域的调查地图，确保底图的现势性较强。

2）对城市部件调查区域图根控制点测量并展绘，具体步骤下节将详细介绍。待图根控制点测量完毕后，开始城市部件碎部点的测量。相对于野外的环境，城市内各种井盖、行树和绿地等地理实体相对比较密集，通视情况良好，所以用全站仪采集还是有优势的。

测量时，全站仪的架设没有界址点测量时要求严格，可以尽可能地选择通视情况良好，采集覆盖面大的地方进行架设。仪器整平居中后，依据规范建立本次测量任务的数据文件，然后开始测量。一般首先要测量图根控制点，数量保证在4~5个，以方便内业定向及精度检核。特殊情况下，可以适当减少，但必须满足定向要求。然后就可以进行城市部件碎部点测量了，与界址点测量不同的是，不同的城市部件有不同的编号，尽管点号可以自动累积，但部件编号却要严格按照相应的规范输入，确保数据采集工作的正确率。

3）城市部件外业测量结束后，应及时将测量数据展绘到底图上，并准确定向。像绿地等面状地理实体，由于外业采集的是点坐标，还需要进行内业操作，连接成一个封闭的面。

### 2. GPS测量法

GPS在测量领域的应用，主要是采用两种测量定位方式，即GPS静态相对定位模式和载波相位动态相对定位（RTK）模式。一般来讲，具体到地理空间数据的采集，主要是利用GPS RTK技术。RTK技术能够快速地获得地面点的三维信息，受环境影响较小、机动灵活、实时快速，可以进行直接或辅助地面数据的采集。它具有速度快、精度高、费用省等特点，RTK测量结果经过简单处理即可导入到数据采集软件中，从而快速地生产出规范的数据来。同时，GPS RTK技术相对全站仪采集法，可以不受通视条件的约束，在野外山高林密的测区，仍然可以快速准确地进行外业数据采集。

外业数据采集主要包括控制点测量和碎步测量，其中碎步测量有两种方式：①先利用GPS RTK测量图根控制点，再利用全站仪进行碎步测量；②直接利用GPS RTK进行碎步点测量。下面就以城市部件调查为例，介绍GPS RTK技术的实施细则。

1）控制测量：目前城市部件调查主要采用"RTK+全站仪"模式进行碎部测量，这种作业模式分为两个步骤，首先利用RTK测量图根控制点，然后利用全站仪测量碎步点。

利用RTK进行图根控制点测量时，可以采用"1个基准站+多个流动站"的作业模式。在基准站按照规范架设完毕，参数设置完毕后，就要利用流动站测量图根控制点了。具体流程如下：

a. 在合适的地点钉入一钢钉作为图根控制点，用油漆将点位编号写在旁边，并作标记，以便于碎步测量时容易找到该点。

b. 将GPS RTK流动站置于该图根控制点上，待GPS整周模糊度固定后开始RTK"点测量"模式。测量时需要注意的事项有：GPS整周模糊度是否固定，能否收到基准站的RTK差分信号，天线类型、天线高是否正确等。

c.记录该点的点位坐标，并记录，以此类推完成图根控制点的测量。

图根控制点的布设需满足碎步点测量时，通视情况良好，不影响测量效率即可。

2）碎步测量：一般城市部件调查的碎部点是利用全站仪测量，但在测区环境复杂较差不便于全站仪的架设，地势上空开阔的地区，比如城市立交桥上路灯、隔音屏的测量，完全可以用RTK作业模式测量碎部点，其测量速度比全站仪更快。根据实践经验，一个GPS流动站的作业速度是一台全站仪作业速度的2~4倍。

城市部件调查中碎部点测量都采用点模式作业，每进行一次数据记录就可以测量一个点。测量第一个点时的基本操作流程如下：

a. 仪器连接好以后，启动GPS主机，建立该测量任务的数据文件，一般为了便于数据管理，建议文件名称采用"测区+日期+组号"的形式，如测区为WT，时间为4月26日，测量组的编号为A，则该文件命名为"WT0426A"。

b. 参数设置完成后，输入天线高和测站名称，后续的测量点名会在第一站点名的基础上自动增加，然后开始RTK测量。

GPS RTK技术应用于空间数据的采集可显著提供高工作效率和减轻劳动强度。应用GPS RTK技术，无须像传统光学仪器那样先建立平面控制，再用水准测量高程。RTK流动站仅需一人操作仪器，省时省力，且作业方式基本上不受天气的影响，可以全天候作业，也不受通视条件的限制，适应数字化成图的需要，缩短了成图周期。GPS RTK技术的优势还在于，RTK测量的点位精度可达厘米级，并且各点位之间不存在误差累积，完全可以满足城市部件调查的精度要求。在野外地区特别是采用常规全站仪采集极为不方便且难以保证精度的地区，使用GPS RTK技术是非常有利的。

## 5.7　GIS属性数据采集

所有的地理实体都具有某种或某些属性。属性数据又称语义数据、非几何数据，是描述实体数据的属性特征的数据，包括定性数据和定量数据。定性数据用来描述要素的分类或对要素进行标名，定量数据是说明要素的性质、特征或强度的，如距离、面积、人口、产量、收入、流速以及温度和高程等。尽管在数字化输入地理实体的定位数据的同时，可以采集和输入它们的属性数据，但通常属性数据是分开输入的。例如，在城市部件调查中，不仅要采集城市部件的空间数据，还需要调查其管理部门、权属部门、维护部门和状态等属性信息，对城市部件进行确权。在城镇地籍调查中，除了要测量界址点的坐标从而确定宗地的空间位置和面积外，还需要调查宗地的权利人、权属性质、土地利用类型和四至等属性信息。

### 1. 属性数据的采集方式

#### （1）键盘输入方式

属性数据可以从键盘输入到计算机数据文件中，或者直接输入到数据库（Foxpro、Access等）中。某些GIS项目还设计特定形式的、具有数据类型约束的数据输入表用于输入属性数据（如Mapinfo软件设计的是Table表等）。属性数据大多数以表的形式输入，表的行表示地理实体，列表示属性。属性数据表必须有一个能与定位数据相关联的关键字（如地理实体的唯一标识码）。

#### （2）人机对话方式

用程序批量输入或辅助于字符识别软件输入。

#### （3）注记识别转换输入方式

地图上的某些注记往往是对实体目标数量、质量特性描述的属性信息，通过扫描后自动识别获得这些信息后转储到属性表中。

### 2. 属性数据采集流程

#### （1）准备工作

属性数据的获取，有时是一个长期而复杂的过程。它们可能是分散在许多不同的传统登记簿和文件中，因此，最初获取的数据可能需要许多不同的机构共同进行组织。例如，登记一个县里所有的集体土地所有权人时，需要整个地区全部乡镇中的土地部门提供相关的土地数据。

同时，地理实体的属性信息不像其空间特征那么直观，需要到相关的部门查阅资料和询问相关的人员，而且必须保证调查得到的信息必须完整和准确。例如，在城市部件调查中，由于城市基础设施和公用设施建设的不规范或多样化，许多城市部件很难界定其名称，这样就更难以调查其它属性信息了，在有些城市，即使是同一种城市部件，在不同的区域其管理部门、权属部门和维护部门等属性信息也不相同，为调查增加了难度。在城镇地籍调查中，权属界线的调查与核实是调查工作中最难的事情，既要确定权属界线的位置，又要求界线两侧的权利人认可并签字，有时由于土地权属纠纷的主观原因和找不到权利人的客观原因，调查工作就更困难了。

许多情况下，已经按照法令和规则对属性数据进行了组织。例如在管理宗地记录方面，不同地区拥有自己的规则。另外一些情况下，很有必要使用当地的知识对新的现场记录进行补充。只有当一个合适的采集策略可以被使用或者指定为初始步骤的时候，才可以高效地采集数据。一个常用的方法是完善各种不同的形式，要么先手工记录在纸上然后再通过微机输入，要么将它们保存在文件中然后直接在膝上型电脑或微机上通过键盘进行输入。近年来，基于penpad，联合使用GIS对属性数据进行现场记录已经非常的普遍。

当然，这种形式的数据字段应当与数据库中的数据字段相符。记录过程应当明确，并且需要针对所有的数据变化，以保证数据总是位于正确的数据字段中。例如，在城市地下管网信息系统的建设中，不同专业管道系统有可能拥有不同的记录方式和数据结构，这种情况下，我们就需要一个系统化的数据结构。而这些管道的属性数据的获取常常需要进行现场核实，一般包括下到一个下水道内去描述或拍摄细节情况，疏通管道的确定方向和汇合处，测量和对准，熟读旧的文件和图表来确认尺寸和材料等细节。对于管道数据，单凭经验来说，每一个下水道需要30分钟，还有额外的时间要花费在测量各种管线上。一旦这些数据采集和组织到列表、表格和地图中，就应该输入到GIS中。

从以上的描述可以看出，属性数据的采集是一项高强度的工作。在开始进行采集之前完成彻底的数据结构化是非常重要的，而在进行结构化时，必须将重点放在优先级的确定上，也就是确定哪些数据需要采集——理论上，在采集成本方面最有价值的那些数据具有较高的优先级，而那些对成本不是很有价值的数据则具有较低的优先级。

**（2）数据的输入与组织**

在GIS中输入数据的一个很方便的方式是在膝上型电脑或个人电脑中使用一个数据库应用程序来输入初始的记录，然后将数据库文件输入到GIS中。

同时，在表格中应该留有空间去容纳所有数据字段中的格式确认信息，要保证文本输入到文本数据字段，只有数字才被输入到一个数字数据字段，并且输入值的大小限制在规定的范围内。输入属性数据时，在屏幕中调出地图数据的图形显示有时候会比较有利，可以配合图形输入属性。只要数据是以计算机表达的表格形式存在，它们就可以直接被输入。需要注意的是，不同的数据采集项目也许对属性数据录入时的要求不同，比如城市管线资源管理系统数据采集对地图属性数据及地理名称录入就有明确而具体的要求，各种新注记的字体根据性质不同应用不同的字体或不同的颜色，同一类型的地名字体大小和字隔应一致。名称注记排列一般以水平字列和垂直字列为主。使用雁行字排列时，应注意字隔要均匀，倾斜角度要一致。地理名称录入时，所有门牌号、楼层数、栋号、单元号、房号均用阿拉伯数字表示。所以在对属性数据输入时要具体情况具体对待。

属性数据的组织有文件系统、层次结构、网络结构与关系数据库管理系统等。目前被广泛采用的主要是关系数据库。在关系表中存储管理属性数据，首先要定义表头，即对字段的名称、数据类型、表达长度规定好，然后创建表格，通过数据插入、批量导入等操作接受属性数据的输入。属性表建立后，还要指定关键字字段、外关键字字段，对于复杂的大容量属性表还要建立索引。

**（3）数据的编辑**

数据的编辑一般是在属性数据输入GIS之前的检查和确认。自动确认功能一般只能揭示形式误差。而错误的信息，比如一个输入到名称字段中的错误名称也许只能通过手工校对来发现。通常可以很容易地发现主要误差和无意义的文本，但是却很难发现不正确的拼写、倒置、疏漏以及其他不易被察觉的错误。比如在城市部件调查中。对城市道路名的记录，这种错误是很常见的。因此，通过将分类的列表打印输出，然后再由一个副本读者一行一行地进行检查，会是一种更好的确认属性数据的方法。

尽管这项工作需要大量的手工工作，而且非常耗费时间，但是对删除输入数据中的错误非常重要。

一旦数字化地图数据和属性数据经过确认、纠正并且输入到GIS中，就应该对那些关联数据库的标示符进行检查，所有缺少的标示符都应该标注出来。由于输入的属性数据中的地图数据编码存在误差或者错误（在法定字段内），在GIS中执行的检查将不会识别出不正确的连接。经验表明，属性记录的用途在很大程度上取决于数据的质量。如果用户不能依赖于数据，那么数据将不会被使用。对数据的主动使用经常会曝漏错误，这进一步强调了数据质量的重要意义。

# 第6章　GIS数据处理与入库

GIS数据处理与入库就是将采集的GIS数据转换成GIS可以处理与接收的数字形式，即空间数据库的数据组织形式。

在空间数据库建构中，矢量数据采用适当的数据模型进行存储，在逻辑上根据图件的比例尺和种类将空间数据划分为不同的子库，在每个子库中将图件按要素类别划分成不同的图层，同时将类别或性质相关的图层组织成大类。矢量数据按子库、大类、图层的层次关系进行存储。栅格数据主要是正射影像图和一些扫描图件，对于该类数据，以目录文件方式进行存储，将每类栅格数据作为一个子库，对每个栅格子库建立目录，在这个子库级目录下为其所包含的分区建立目录，在具体的分区目录中以图幅为单位存放该区的栅格图像。

## 6.1　GIS数据处理

### 1. GIS数据处理概述

GIS数据主要分为基础地理空间数据和专题地理数据，其中基础地理空间数据是专题要素的定位依据，并说明专题要素与周围环境之间的联系；为专业数据的分析和展现提供基础地理背景。作为背景的基础地理要素只要是地图数据即可，通常不需要做任何加工处理即可满足要求，参与空间分析的基础地理要素则需要进行加工处理才能满足要求。一般情况下要做以下几项处理。

1）删除不需要的要素。

2）将需要的要素按照系统要求进行处理，例如将所有的建筑物封闭成面，将道路构建成线，也构建成面等。

3）将地图数据格式转换成GIS数据格式。

专题地理数据是用户管理对象的信息，是GIS管理的主要对象，是GIS数据处理的主要对象。

GIS数据中，有些专题地理数据是已有的电子数据，有些则是通过第五章介绍的各种方法采集到的，但基础地理空间数据和多媒体数据通常都是已有的电子数据。若将地图数据、遥感图像数据、GPS数据、摄影测量数据、统计数据、文本数据、多媒体数据等数据源转换成GIS可以处理与接收的数字形式，通常需要经过验证、修改编辑等处理。

为了保证系统数据的规范和统一，建立满足用户需求和计算机能处理的数据文件是很重要的。所谓数据处理，是指对数据进行收集、筛选、排序、归并、转换、检索、计算以及分析、模拟和预测的操作，其目的就是把数据转换成便于观察、分析、传输或进一步处理的形式，为空间决策服务。

空间数据编辑和处理是GIS的重要功能之一。数据处理涉及的内容很广，主要取决于原始数据的特点和用户的具体需求。一般有数据变换、数据重构、数据提取等内容。数据处理是针对数据本身完成的操作，不涉及内容的分析。空间数据的处理也可称为数据形式的操作。其技术流程见图6-1。

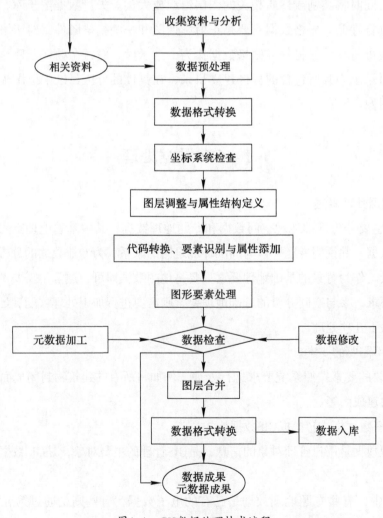

图6-1 GIS数据处理技术流程

**1. 数据处理的内容**

尽管随着数据的不同和用户要求的不同，空间数据处理的过程和步骤也会有所不同，但其主要内容始终是包括数据编辑（包括误差识别和纠正）、数据结构的转换、比例尺的变换、坐标系统及地图投影转换、数据编码和压缩、空间数据类型转换、空间数据插值、图幅边缘匹配、多源空间数据的整合等方面。

**（1）数据预处理**

数据预处理主要是指数据的误差或错误的检查与编辑。通过矢量数字化或扫描数字化所获取的原始空间数据，都不可避免地存在着错误或误差，属性数据在建库输入时，也难免会存在错误。因此，在对图形数据和属性数据处理前，进行一定的检查、编辑是很有必要的。

图像数据和属性数据的误差主要包括以下几方面：①空间数据的不完整或重复：主要包括空间点、线、面数据的丢失或重复、区域中心点的遗漏、栅格数据矢量化时引起的断线等；②空间数据位置的不准确：主要包括空间点位的不准确、线段过长或过短、线段的断裂、相邻多边形结点的不重合等；③空间数据的比例尺不准确；④空间数据的变形；⑤空间属性和数据连接错误；⑥属性数据不完整。

对于空间数据的不完整或位置的误差，主要是利用GIS的图形编辑功能，如删除（目标、属性、坐标）、修改（平移、拷贝、连接、分裂、合并、整饰）、插入等进行处理。为发现并有效消除误差，一般采用以下方法进行检查：

1）目视检查法，指用目视检查的方法在屏幕上用地图要素对应的符号显示数字化的结果，对照原图检查一些明显的数字化误差与错误，包括线段过长或过短、多边形的重叠和裂口、线段的断裂等。

2）叠合比较法，是空间数据数字化正确与否的最佳检核方法，按与原图相同的比例尺把数字化的内容绘在透明材料上，然后与原图叠合在一起，在透光桌上仔细地观察和比较。一般来说，对于空间数据的比例尺不准确和空间数据的变形马上就可以观察出来，对于空间数据的位置不完整和不准确则需用粗笔把遗漏、位置错误的地方明显地标注出来。如果数字化的范围比较大，分块数字化时，除检核一幅（块）图内的差错外，还应该检核已存入计算机的其它图幅的接边情况。

3）逻辑检查法，如根据数据拓扑一致性进行检验，将弧段连成多边形，进行数字化误差的检查。另外，对于属性数据的检查一般也最先用这种方法，检查属性数据的值是否超过其取值范围。属性数据之间或属性数据与地理实体之间是否有荒谬的组合。对等高线，通过确定最低和最高等高线的高程及等高距，编制软件来检查高程的赋值是否正确；对于面状要素，可在建立拓扑关系时，根据多边形是否闭合来检查，或根据多边形与多边形内点的匹配来检查等。

（2）地图投影与坐标系统的转换

在地图录入完毕后，经常需要进行投影变换，得到经纬度参照系下的地图。对各种投影进行坐标变换的原因主要是输入时的地图是一种投影，而输出的地图产物是另外一种投影。

进行地图投影变换，通常有3种方法。

1）解析变换，$\{x,y\} \rightarrow \{\phi, \lambda\} \rightarrow \{X,Y\}$，或者根据原投影点的坐标 x,y 反解出纬度 $\phi$，$\lambda$，然后根据 $\phi$，$\lambda$ 而求得新投影点的坐标（X，Y）。

2）数值变换法，基于数值逼近理论实现两未知投影间的转换，寻找同名点，建立 n 次多项式变换函数，基于最小二乘原理，解算系数。

3）数值解析变换法，已知新投影方程式，而原投影方程式未知时，可采取类似上述的多项式，求得资料图投影点的地理坐标（$\phi$，$\lambda$），即反解数值变换，然后代入新方程式中，即可实现两种投影间的变换。

空间数据坐标变换的实质是建立两个平面点之间的一一对应关系，包括几何纠正和投影转换，它们是空间数据处理的基本内容之一。对于数字化地图数据，由于设备坐标系与用户确定的坐标系不一致，以及由于数字化原图图纸发生变形等原因，需要对数字化原图的数据进行坐标系转换和变形误差的消除。有时，不同来源的地图还存在地图比例尺的差异，因此还需要地图进行地图比例尺的统一。

几何纠正是为了实现对数字化数据的坐标系转换和图纸变形误差的改正，现有的几种商业GIS软件一般都有仿射变换、相似变换、二次变换等几何纠正功能。

仿射变换是GIS数据处理中使用最多的一种几何纠正方法。它的主要特性为：同时考虑到 x 和 y 方向上的变形，因此纠正后的坐标数据在不同上的长度比将发生变化。仿射变换在不同的方向可以有不同的压缩和扩张，可以将球变为椭球，将正方形变为平行四边形。

坐标变换中选取的控制点，应该均匀地分布在地图上，并且控制点位置处的表格坐标和投影坐标已知。如果有1到2个控制点的误差较大，则坐标转换不能进行，需要重新计算匹配精度。一旦匹配精度得到满足，则表格坐标将转化为投影坐标。

（3）图像纠正

图像纠正的对象主要是指通过扫描得到的地形图和遥感图像。由于遥感影像本身就存在着几何变形、地形图受介质及存放条件限制、扫描过程中工作人员的操作误差（如扫描时，地形图或遥感影像没被压紧）等原因，图像会产生一定的变形，需进行图像纠正。

对扫描得到的图像进行纠正，主要是建立要纠正的图像与标准的地形图或地形图的理论数值或纠正过的正射影像之间的变换关系。目前，主要的变换函数有仿射变换、双线性变换、平方变换、双平方变换、立方变换、四阶多项式变换等，具体采用哪一种，则要根据纠正图像的变形情况、所在区域的地理特征及所选点数来决定。具体算法和图形变换基本相同。

地形图的纠正采用四点纠正法或逐网格纠正法。四点纠正法一般是根据选定的数学变换函数，输入需纠正地形图的图幅的行列号、地形图的比例尺、图幅名称等，生成标准图廓，分别采集4个图廓控制点坐标来完成。逐网格纠正法是在四点纠正法不能满足精度要求的情况下采用的。这种方法和四点纠正法的不同点就在于采样点数目的不同。它是逐方里网进行的，也就是说，对每一个方里网，都要采点。采点的顺序是先采源点（需纠正的地形图），后采目标点（标准图廓）；先采图廓点和控制点，后采方里网点。

遥感图像的纠正一般选用和遥感图像比例尺相近的地形图或正射影像图作为变换标准，选用合适的变换函数，分别在要纠正的遥感图像和标准地形图或正射影像图上采集同名地物点。采点时，要先采源点（影像），后采集目标点（地形图）。选点时，要注意选点的均匀分布，点不能太多。如果在选点时没有注意点位的分布或点太多，这样不但不能保证精度，反而会使影像产生变形。另外选点时，点位应选明显的固定地物点，如水渠或道路交叉点、桥梁等，尽量不要选河床易变动的河流交叉点，以免点的位移影像配准精度。

**（4）图幅边缘匹配**

在对底图进行数字化以后，由于图幅比较大或者使用小型数字化仪时，难以将研究区域的底图以整幅的形式来完成，这时需要将整个图幅划分成几部分分别输入。在所有部分都输入完毕并进行拼接时，在相邻图幅的边缘部分，由于原图本身的数字化误差，使得同一实体的线段或弧段的坐标数据不能相互衔接，或是由于坐标系统、编码方式等不统一，常常会有边界不一致的情况，需要进行边缘匹配处理。边缘匹配处理类似于下面将要提及的悬挂结点处理，可以由计算机自动完成，或者辅助以手工半自动完成。

图幅的拼接总是在相邻两图幅之间进行的。要将相邻两图幅之间的数据集中起来，就要求相同实体的线段或弧的坐标数据相互衔接，也要求同一实体的属性码相同，因此必须进行图幅数据边缘匹配处理。具体操作如下。

1）逻辑一致性的处理。由于人工操作的失误，两个相邻图幅的空间数据库在接合处可能出现逻辑裂痕，如一个多边形在一幅图层中具有属性A，而在另一幅图层中属性为B，此时，必须使用交互编辑的方法，使两相邻图斑的属性相同，取得逻辑一致性。

2）识别和检索相邻图幅。将待拼接的数据按图幅进行编号，编号是两位数，其中十位数指示图幅的横向顺序，个位数指示纵向顺序，并记录图幅的长宽标准尺寸。因此，当进行横向图幅拼接时，总是将十位数编号相同的图幅数据收集在一起；进行纵向图幅拼接时，总是将个位数编号相同的图幅数据收集在一起。其次，图幅数据的边缘匹配处理主要是针对跨越相邻图幅的线段或弧段的，为了减少数据容量，提高处理速度，一般只提取图幅边界2cm范围内的数据作为匹配和处理的目标。同时要求图幅内空间实体的坐标数据已经进行过投影转换。

3）相邻图幅边界点坐标数据的匹配。匹配采用追踪拼接法，只要符合下列条件，两条线段或弧段即可匹配衔接：相邻图幅边界两条线段或弧段的左右码各自相同；相邻图幅同名边界点坐标在某一允许值范围内（如±0.5mm）。匹配衔接时以一条弧或线段作为处理的单元，因此当边界点位于两个结点之间时，需分别取出相关的两个节点，然后按照结点之间线段方向一致性的原则进行数据的记录和存储。

4）相同属性多边形公共边界的删除。当图幅内图形数据完成拼接后，相邻图斑会有相同属性。此时，应将相同属性的两个或多个相邻图斑组合成一个图斑，即消除公共边界，并对共同属性进行合并。多边形公共边界线的删除可以通过构成每一个面域的线段坐标链，删去其中共同的线段，然后重新建立合并多边形的线段链表。而对于多边形的属性表，除多边形的面积和周长需要重新计算外，其余属性保留其中之一图斑的属性即可。

除了图幅尺寸的原因，在GIS实际应用中，由于经常要输入标准分幅的地形图，也需要在输入后进行拼接处理，这时，一般需要先进行投影变换。通常的做法是从地形图使用的高斯—克吕格投影转换到经纬坐标系中，然后再进行拼接。

### （5）数据格式的转换

数据格式的转换一般分为两大类：一类是不同数据介质之间的转换，即将各种不同数据源的信息如地图、照片、各种文字及表格转为计算机可以兼容的格式，主要采用数字化、扫描、键盘输入等方式；第二类是数据结构之间的转换，包括同一数据结构不同组织形式间的转换和不同数据结构间转换。

同一数据结构不同组织形式间的转换包括不同栅格记录形式之间的转换（如四叉树和游程编码之间的转换）和不同矢量结构之间的转换（如索引式和DIME之间的转换）。这两种转换方法要视具体的转换内容根据矢量和栅格数据编码的原理和方法来进行。由于许多GIS软件系统使用其专用数据格式（如ArcView是用Shape数据，Arc/Info是用Coverage数据等），且地理数据格式繁多，虽理论上数据格式转换没问题，但实际操作有的难度较大。数据格式转换需要格式解译程序，一般有直接转换和间接转换两种。

在数据格式转换中，由于两种系统对数据表达的差异，数据转换后往往会产生失真、歪曲、信息丢失的现象，这不是数据精度的问题，而是对数据的逻辑组织上两套系统关注的侧重点有所差异。例如，实际生产中经常出现的AutoCAD的早期版本的DXF格式转换到ArcGIS的Coverage或Shape文件，由于前者不是GIS软件，而是一个图形处理、图形设计软件，它重点存储图形的符号化信息，如线划宽度、颜色、纹理等，而后者是GIS软件，存储管理图形目标的属性描述、拓扑结构、图层信息，尽管两者对坐标串存储是可以匹配的，但其他一些信息难于建立匹配关系，有时采用间接的方法，如用DXF的线宽存储Coverage的属性码，这往往要用户自己约定其间的对应关系，缺乏通用性。

　　不同数据结构间的转换主要包括矢量到栅格数据的转换和栅格到矢量数据的转换两种。由于矢量数据结构和栅格数据结构各有优缺点，一般对它们的应用原则是数据采集采用矢量数据结构，有利于保证空间实体的几何精度和拓扑特性的描述；而空间分析则主要采用栅格数据结构，有利于加快系统数据的运行速度和分析应用的进程。由此，数据处理阶段中，这两种数据结构的互相转换是经常发生的。并且，在理论上矢量栅格数据一体化没问题，但利用软件进行实践操作时经常发生数据丢失现象。

　　矢量数据转换成栅格数据，主要是通过一个有限的工作存储区，使得矢量和栅格数据之间的读取操作，限制在最短的时间范围内。点、线、多边形的矢量数据向栅格数据转换处理时，可采用不同的方法，主要方法有：①内部点扩散法，由多边形内部种子点向周围邻点扩散，直至到达各边界为止；②复数积分算法，由待判别点对多边形的封闭边界计算复数积分，来判断两者关系；③射线算法和扫描算法，由图外某点向待判点引射线，通过射线与多边形边界交点数来判断内外关系；④边界代数算法，它是一种基于积分思想的矢量转栅格算法，适合于记录拓扑关系的多边形矢量数据转换，方法是由多边形边界上某点开始，顺时针搜索边界线，上行时边界左侧具有相同行坐标的栅格减去某值，下行时边界左侧所有栅格点加上该值，边界搜索完之后即完成多边形的转换。

　　栅格数据转换成矢量数据的主要方法是：提取具有相同编号的栅格集合表示的多边形区域的边界和边界的拓扑关系，并表示成矢量格式边界线的过程。一般步骤包括：多边形边界提取，即使用高通滤波，将栅格图像二值化；边界线追踪，即对每个弧段由一个节点向另一个节点搜索；拓扑关系生成和去除多余点及曲线圆滑。

　　栅格向矢量转换处理的目的，是为了将栅格数据分析的结果，通过矢量绘图仪输出，或为了数据压缩的需要，将大量的面状栅格数据转换为由少量数据表示的多边形边界，但是主要目的是为了能将自动扫描仪获取的栅格数据加入矢量形式的数据库。转换处理时，基于图像数据文件和再生栅格文件的不同，分别采用不同的算法。目前基于GIS工具软件可以实现由栅格向矢量转换，例如ArcGIS就可以直接实现GRID格式向TIN格式转换。

### （6）数据拓扑生成

　　在矢量结构表示方法中，任何地理实体均可以用点、线、面来表示其特征，进而可根据各特征间的空间关系解释出更多的信息，为此，可用确定区域定义、连通性和邻接性的方法来达到上述目的。其特点是弧段用点的连接来定义，多边形用点及弧段的连接来定义，这样，相邻多边形的公共边不必重复输入，且通过邻接性的关系能识别出各地理信息实体的相对位置，从而解译出多种信息。拓扑结构就是明确这些空间关系的一种数据方法，也就是用来表示要素之间连通性或相邻性的关系，称为拓扑结构。

　　在图形数字化完成之后，对于大多数地图需要建立拓扑，以正确判别地物之间的拓扑关系。拓扑关系是以由计算机自动生成的。目前，大多数GIS软件都提供了完善的拓扑功能，但是在某些情况下，需要对计算机创建的拓扑关系进行手工修改，典型的例子是网络连通性。

拓扑关系的建立，只需要关注实体之间的连接、相邻关系，而结点的位置、弧段的具体形状等非拓扑属性则不影响拓扑的建立过程。多边形拓扑的建立过程与数据结构有关，它是描述以下实体之间的关系：①多边形的组成弧段；②弧段左右两侧的多边形，弧段两端的结点；③结点相连的弧段。

在输入道路、水系、管网、通信线路等信息时，为了进行流量以及连通性分析，需要确定线实体之间的连接关系，构建网络。网络拓扑关系的建立包括确定结点与连接线之间的关系，这个工作可以由计算机自动完成，但是在一些情况中，如道路交通应用中，一些道路虽然在平面上相交，但实际上并不连通，如立交桥，这时需要手工修改，将连通的结点删除。

**（7）数据的压缩与综合**

如果采集的数据采用了高频率的点集记录，或者采用的数据的比例尺大于所要求的，或者因数据表达分辨率太高与其他数据不能匹配，则要采用空间数据压缩或地图综合技术降低数据量，降低表达分辨率，使数据在比例尺表达上能够匹配。

空间数据压缩是为了减少存储空间、简化数据管理、提高数据传输效率、提高数据的应用处理速度，应通过特定几何算法对空间数据压缩，形成不同详细程度的数据，为不同层次的应用提供所需的适量信息。

地图综合是在比例尺变化上的一种图形变换，随着比例尺缩小，保留重要地物去掉次要地物，以概括的形式表达图形。它是在比例尺缩小后，从一个新的抽象程度对空间现象的简化表达。地图综合的操作包括选取、化简、合并、夸大、移位、骨架化等。在GIS数据处理中通过地图综合技术获得简化的地图数据。

数据压缩与地图综合的相同之处在于两者都会导致信息量的减少，都是为了缩小存储空间和节省计算处理时间而去掉繁杂细节。不同之处是数据压缩一般是在无损图解精度的前提下用插值方法可近似恢复原数据，即数据压缩可用"数据的插值加密"手段进行逆处理，而制图综合不受图解精度约束，被删除或被派生的信息不可逆。也就是说，数据压缩只是几何细节上的较小程度的变换，地图综合则是较大程度的变换，在地理表达层次上获得新的数据表达。例如将群集分布的建筑物合并综合后获得居住区的分布，已经产生了新的地理概念"居住区"。而对建筑物的压缩仍然保持各多边形建筑物的独立性，只是通过边界点的抽稀对形状简化处理。

**（8）多源空间数据的整合**

在GIS空间数据库中，有空间数据、时间数据和属性数据，一般我们从空间、时序和管理三个方面对区域数据进行整合。一般原则为：①空间上应按照统一范式的区域划分；②时间上按时序划分为过去、现在和将来，以便GIS时空动态分析；③管理上应依靠通用软件操作的数据要求。

遥感与CIS的工作对象都是地理实体,它们之间存在着十分密切的关系。遥感系统的特点在于其动态、多时相采集空间信息的能力,是获取、建立与更新GIS空间数据库的重要手段。同时,遥感和GIS的结合可以有效地改善遥感分析。利用GIS的空间数据可以提高遥感数据的分类精度。由于分类可信度的提高,又推动了GIS数据快速更新的实现,GIS中的高程、坡度、坡向、土壤、植被、地质、土地利用等信息是遥感分类经常要用到的数据。另外,遥感与GIS的结合可以进一步加强GIS的空间分析功能。两者结合方式通常有三种:①分开但是平常的结合;②表面无缝的结合;③整体的结合。

此外,遥感可用于GIS地理数据库的快速更新。用卫星获取各种地面要素的矢量信息,将遥感图像与GIS空间数据对应的图形以透明方式叠加,并发现和确定需要更新的内容,然后将栅格数据进行矢量化处理,同时进行一些入库前的预处理,数据就可以按GIS指定的数据结构入库了。

## 6.2 GIS数据入库

GIS数据入库就是把经过数据处理的空间数据及属性数据导入到GIS数据库中。

数据入库是一个需要多个步骤才能实现的过程。首先,为了保证导入数据的正确性,必须进行数据检查,一般需要数据能同时满足地图制图和GIS空间分析的要求,并使空间数据以基本的点、线、面的数据模型进行组织,数据必须通过严格的质量校验后方能入库。其次,为了提高数据导入的速度,可以对数据入库过程进行分解,在入库后增加更新系统所需字段的过程。一般来说,最初完成采集的数据要经过检查→预入库→编辑与加工→再入库的过程才能满足要求。这样能较好地保证GIS数据库中数据质量要求。

### 1. 空间数据库建库流程

空间数据建库涉及范围广,建库的对象涉及各种源格式,如CAD格式、TIF格式、SHP格式、文本格式等,且对于每类数据的建库要求不相同,则对于空间数据建库具体工作流程不相同。对于不同来源数据和不同目标要求的空间数据建库的过程基本相同。

1)原始数据分析:分析数据格式、数据坐标系、数据质量等,发现数据特征和问题,为工作方案的制定做准备。

2)制定工作方案:依据数据整理目标和要求、针对空间数据特征和问题,制定数据加工整理、质量检查、数据入库方案。

3)数据加工整理:利用各种辅助工具按照工作方案对各类数据进行加工整理,使原始数据能够满足数据建库的成果要求。

4)数据质量检查:按照质量要求对数据进行检查,发现有问题的数据并提出返工处理，对质量过关的数据进行确认。

5）数据入库落地：在经过了加工整理并检查合格后，通过手工或利用数据管理软件对各种成果数据进行统一存储。

6）编制数据说明：以元数据管理方式记录已入库数据的类别、来源、加工时间等要素，编制数据使用说明书。

**2. 数据入库内容**

根据入库数据的种类和范围，创建成果数据库表，并输入数据文件在存储系统中存储的路径、文件名称和相关信息。

**（1）空间数据入库**

空间数据通常采用高斯平面直角坐标。但在大范围的空间数据建库中，也可采用大地坐标（经纬度）建库，即先将高斯-克吕格平面直角坐标系转换成经纬度坐标再入库。当需要制作地形图或以高斯坐标分发数据时，将地理坐标转换成高斯坐标输出。也可建立另外的工作区，并采用不同于国家统一分带的中央经线，建立分区局部坐标系。由于坐标系变换不改变拓扑关系和属性的关联关系，所以坐标转换和投影变换后不需要进行额外的数据处理即可重新建立以高斯坐标为参考系的工程，或进行制图输出。

**（2）属性数据入库**

属性数据是空间地物所具有的特征，如图斑的面积和名称、河流的名称、等高线的高程值等，利用关系型数据库来管理属性数据。根据数据等生产采集的属性数据建立其对应的表。

**3. 入库数据质量检查**

数据质量标准原则坚持国家质量标准优先采用，然后再用专业部门或地方拟订的质量标准。

数据质量检查依据包括：数据的分类系统；数据获取方法的评价；数据获取用的仪器及其精度的规定；数据的计量单位和数据精度分级的规定；数据编码或代表符号的规定等。

数据质量检查按照数据标准规范的规定和数据验收标准执行，针对入库数据进行空间和属性的检查，排除数据逻辑上的错误。基本包括图形数据、属性数据、数据的接边情况等检查工作。

1）图形检查：面、线、点状要素检查、一致性检查。

2）属性检查：字段非空检查、字段唯一性检查、图形属性一致性检查和数据整理检查等四大方面。

在目前技术条件下，入库数据质量检查常用的技术方法和手段主要有下列三种。

1）程序自动检查：通过设计模型算法和编制计算机程序，利用空间数据的图形与属性、图形与属性、属性与属性之间存在的一定逻辑关系和规律，检查和发现数据中存在的错误。

2）人机交互检查：数据中很多地方靠程序检查不能完全确定其正确与否，但程序检查能将有疑点的地方搜索出来，缩小范围或精确定位，再采用人机交互检查方法，由人工判断数据的正确性。

3）人工对照检查：通过人工检查，核实实物、数据表格或可视化的图形，从而判断检查内容的正确性，具有简便、易操作的特点。

不同的检查方法具有各自的优势，根据不同的要素或内容，选择合适的方法，对于大型空间数据库的质量控制需要组合使用。在深入研究和分析数据库标准，以及建库要求的基础上，提出影响数据质量的各项数据质量因子与指标，并针对每一项质量因子，确定可操作的检查方法。

## 6.3　GIS数据元数据

元数据(Metadata)是关于数据的数据，用于描述数据的内容、覆盖范围、质量、管理方式、数据的所有者、数据的提供方式等有关的信息。为用户回答已经存在什么内容的信息(what)、覆盖哪些区域范围（where）、跨越的时间范围（when）、找什么人联系（who）或通过什么方式可以获取（how）。因此，建立运行在资源数据交换网络上的,以元数据为核心的地理信息目录是解决上述问题、实现数据共享、信息服务社会化的重要途径。

地理信息元数据（Geospatial Metadata）是关于地理相关数据和信息资源的描述信息。它通过对地理空间数据的内容、质量、条件和其他特征进行描述与说明，帮助人们有效地定位、评价、获取和使用地理相关数据。

对空间数据某一特征的描述，称为一个空间元数据项，某一空间数据的所有元数据项，构成一个元数据记录。空间元数据是一个由若干复杂或简单的元数据项与记录组成的集合。

### 1. 地理信息元数据的主要内容

地理信息元数据的内容是在国际地理信息标准化技术委员会（ISO/TC211）地 理信息元数据标准草案的基础上,结合资源空间与非空间信息的特点及描述要求而形成的。它主要由6个类和2个公共数据类型组成。6个类包括。

1）标识信息，是唯一标识数据集的元数据信息。通过标识信息，用户可以对已有的数据集有一个总体的了解，如数据集的名称、发布时间、版本、语种、摘要、现状、空间范围（地理范围、时间范围、垂向范围）、表示方式、空间分辨率、信息类别。同时标识信息为用户提供了深入了解数据集的途径和使用数据集必须遵守的限制信息，如数据集的联系信息、数据集法律和安全限制、数据集格式、数据集静态浏览图。标识信息还提供了对影像数据集的描述，如列行标识。

2）数据质量信息，是数据集质量的总体评价，包括两个方面：数据集质量的定性和定量的概括说明，为用户提供有关数据集在完整性（数据集内容是否完全）、逻辑一致性（数据集在概念、值域、格式和拓扑关系等方面的一致性程度）、位置精度（数据集空间位置的绝对精度和相对精度）、时间精度（时间表示的精确程度、现势性或有效性）、属性精度（数据集属性分类正确性、属性值的精度和正确性）等方面的综述以及说明数据质量的保证措施；数据质量的另一方面内容是数据志、数据生产过程中数据源、处理过程（算法与参数）等的说明信息。数据质量信息是用户对数据集进行判断以及决定数据集是否满足他们要求的重要判断依据。

3）空间参照系统信息，是数据集使用的空间参照系统的说明,包括基于地理标识的空间参照系统与基于坐标的空间参照系统。后者还包括垂向坐标参照系统（高程基准、深度基准、重力基准），用于描述包括地矿和海洋资源数据集所需的空间参照系统信息。

4）内容信息，描述数据集的主要内容。通过内容信息用户可以知道数据集的主要要素类型名称以及相应的属性名称也包括影像数据集内容概述（如波长或波段、灰阶等级以及合成处理方式等）和栅格数据集内容概述（如格网尺寸、格网尺寸单位、格网行列数以及格网5）分发信息，描述有关数据集的分发者和获取数据的方法，包括数据集网络传输地址，以及与分发者有关的联系信息。通过分发信息用户可以了解到获取数据集的方式和途径。

6）核心元数据参考信息，包括核心元数据发布或更新的日期以及与建立核心元数据单位的联系信息。通过核心元数据参考信息，用户可以了解到核心元数据内容的现势性等信息。

两个公共数据类型包括以下内容。

1）覆盖范围信息，描述数据集的空间范围（经纬度坐标、地理标识符）、时间 范围(起始时间和终止时间)和垂向范围（最小垂向坐标值、最大垂向坐标值、计量单位）。该数据类型被多个元数据元素引用，本身不单独使用。

2）负责单位联系信息，与数据集有关的单位标识（负责单位名称、联系人、职责）和联系信息（电话、传真、通信地址、邮政编码、电子信箱地址、网址）。该数据类型被多个元数据元素引用，本身不单独使用。

**2. 地理信息元数据字典**

数据字典的作用是根据核心元数据类图，以一定的层次结构详细描述类、属性的组织关系和特性。核心元数据类和属性由以下特性进行定义和解释：名称/角色名称、缩写名、定义、约束条件、最多出现次数、数据类型和域（见表6-1）。

### 表6-1　地理信息元数据字典实例

| 序号 | 中文名称 | 英文名称 | 缩写名 | 定　义 | 约束条件 | 最多出现次数 | 数据型 | 域 |
|---|---|---|---|---|---|---|---|---|
| 1 | MD-元数据 | MD-MetaData | Meadata | 关于元数据的信息 | M | 1 | Class | Lines I_8 |
| 2 | 日期 | Timestamp | mdTimeSt | 元数据发布或最近更新的日期 | M | 1 | Data | CCYYMMDD (GB/T7408-94> |
| 3 | 联系 | Coutact | ndContact | 元数据负责单位的联系信息 | M | 1 | Class | CI-Respondible Party <DataType> (A,3) |
| 4 | 角色名你：标识信息 | Role name : Identification Info | idlnfo | 数据集的基本信息 | M | 1 | Association | MD-Identification (A.2.1) |

1）名称/角色名称。名称是一个元数据类或属性的唯一标记。角色名称用于标识关联(作用与数据库表之间进行连接的关键字类似)。类名称在整个字典中唯一。属性名称在类中而不是在整个字典中唯一。

2）缩写名。除代码表外，元数据类的每一个属性都有一个缩写名。这些缩写名在整个标准中唯一，可以在可扩展标记语言(XML)和通用标记语言（SGML)或其他类似的实现技术中作为域代码使用。

3）定义。对元数据类或属性确切含义的描述。

4）约束条件。约束条件说明相应的元数据类或属性是否必须包括在核心元数据中，或满足一定条件时必须包括。约束条件有如下几种取值:M(必选）、C(条件必选)或O(可选)。

5）最多出现次数。指定元数据类或元数据属性的实例可能重复出现的最多次数。出现一次的用"1"表示，重复出现的用"N"表示。

6）数据类型。该属性既表示预先定义的基本数据类型，如整型数、实型数、字符串、日期型和布尔型等，也可定义为元数据的类、构造型或关联。

7）域。对于元数据属性，域表示该属性的允许取值范围或与之对应的类或数据类型的名称。对于元数据类，域表示在字典中描述该类的行为的范围。角色名称的域表示与之关联的类名称。

地理信息元数据UML类图和数据字典构成核心元数据的完整抽象逻辑模型，二者缺一不可，可以用任何适宜的计算机编程语言和软件加以实现。

实现数据字典的常见方法有3种：全人工过程、全自动过程和混合过程。

# 第7章　GIS软件详细设计与实现

## 7.1　GIS软件详细设计概述

在总体设计阶段，已经将系统划分为多个模块，将他们按照一定的原则组装起来，同时确定了每个模块的功能及模块与模块之间的外部接口，划分出不同的GIS目标子系统。在系统全局的高度对软件结构进行优化以后，就可以进入详细设计阶段。软件的详细设计，主要是确定每个模块的具体执行过程，也称为"过程设计"。其主要任务是对总体设计所产生的功能模块进行过程描述，开发可以直接转换成程序语言代码的软件表示。这种表示应当无歧义性且是高度结构化的。详细设计阶段不是具体地编写程序，而是设计出程序的"蓝图"。程序员根据这些蓝图再进行编码。因此，详细设计的结果基本上决定了最终的程序代码的质量。GIS软件开发就是通过详细设计和程序编写实现软件设计的思想，即制造GIS软件。

### 1. 方法和原则

详细设计通常采用结构化程序设计（structured programming）方法，这种方法采用自顶向下、逐步求精的设计方法和单入口/单出口的控制结构，并且只包含顺序、选择和循环三种结构。使用"抽象"的手段，上层对问题抽象、对模块抽象和对数据抽象，下层进一步分解，进入另一个抽象层次。在每个模块内部也可逐步求精，以降低处理细节的复杂度。单入口/单出口的结构能限制GOTO语句的使用，也是采用自顶向下方法的一个具体实施手段。顺序结构是用来确定各部分的执行顺序，选择结构是确定某部分的执行条件，循环结构是确定某部分进行重复的开始和结束条件。结构化设计方法在实践中已经成为详细设计的基本原则，同其他设计方法相比，结构化程序设计可以提高程序可读性、可测试性和可维护性，以及降低程序的复杂程度等。

结构化程序设计的原则具体表现在以下几方面。

1）尽量少用或不用GOTO语句。

2）采用自顶向下逐步求精的设计方法。

3）采用顺序、选择、循环3种基本结构组成程序的控制结构。

4）尽量使用单入口/单出口的控制结构，减少传递参量（数）的个数。

5）提高模块的内聚度，降低模块间的关联度。

### 2. 内容和任务

系统详细设计的主要任务是在具体进行程序编码之前，根据总体设计提供的文档，细化总体设计中已划分出的每个功能模块，为之选一具体的算法，并清晰、准确的描述出来，从而在具体的编码阶段可以把这些描述直接翻译成用某种程序设计语言书写的程序。其设计成果可以用程序流程图描述，也可以用伪码描述，还可以用形式化软件设计语言描述。详细设计以总体设计阶段的工作为基础，但是又不同于总体设计阶段。总体设计阶段，是对数据项和数据结构以比较抽象的方式描述，详细设计阶段要提供算法的更多细节，使程序员能够以相当直接的方式对每个模块编码。

详细设计的模块包含实现对应的总体设计的模块所需要的处理逻辑，主要内容有以下几点。

1）详细的算法。

2）数据表示和数据结构。

3）实现的功能和使用的数据之间的关系。

系统详细设计的具体任务包括以下几点。

1）细化总体设计的体系流程图，绘出程序结构图，直到每个模块的编写难度可被单个程序员所掌握为止。

2）为每个功能模块选定算法。

3）确定模块使用的数据组织。

4）确定模块的接口细节及模块间的调度关系。

5）描述每个模块的流程逻辑。

6）编写详细设计文档（可参照附录3编写）。主要包括细化的系统结构图及逐个模块的描述，如功能、接口、数据组织、控制逻辑等等。它是新系统的具体物理模型，是系统实施的重要依据，是系统实现的重柱。

## 7.2　GIS软件详细设计的工具

GIS软件详细设计遵循软件工程中系统详细设计的过程。它的任务是给出GIS软件模块结构中各个模块的内部过程描述，也就是模块内部算法设计。根据软件工程的思想，系统设计和系统实现是两个阶段的任务，通常有不同人员来进行。因此需要采用一种标准的通用的设计表达工具来实现两阶段的沟通，即编程人员对设计的无歧义理解。也就是说，表达工具必须能够指明控制流程、处理功能、数据组织以及其他方面的实现细节，从而方便地在编码阶段把设计描述直接翻译成程序代码。详细设计的表达工具可分为图形、表格和语言三种。详细设计常用的表达工具包括程序流程图、盒式图、问题分析图、判定表、类程序设计语言等等。在GIS软件详细设计中，这些工具同样适用。

### 7.2.1 程序流程图

程序流程图简称PFC（program flow chart）又称为程序框图，是软件开发者最熟悉的一种算法表达工具，也是应用最广泛的描述程序逻辑结构的工具，具有简单、直观、易于掌握的优点，特别适用于具体模块小程序的设计。图7-1所示为流程图常用的符号。

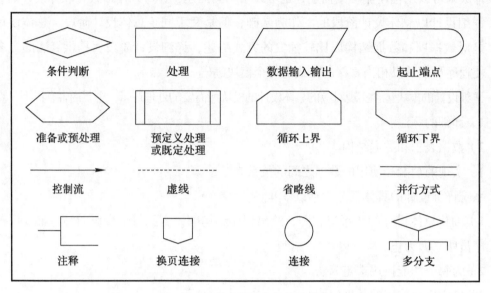

图7-1　程序流程图中使用的符号

为使流程图描述结构化程序，必须限制流程图使用5种基本控制结构（见图7-2）。任何复杂的程序流程图都应由这5种基本控制结构组合和嵌套而成。

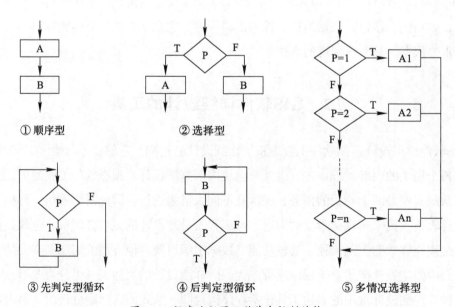

图7-2　程序流程图五种基本控制结构

1）顺序型：几个连续的加工步骤依次排列构成。

2）选择型：由某个逻辑判断式的取值决定选择两个加工中的一个。

3）先判定型循环：在循环控制条件成立时，重复执行特定的加工。

4）后判定型循环：重复执行某些特定的加工，直至控制条件成立。

5）多情况型选择：列举多种加工情况，根据控制变量的取值，选择执行其一。

程序流程图缺点有下述。

1）程序流程图不能反映逐步求精的过程，它诱使程序员过早地考虑程序的控制流，而不去考虑程序的全局结构。

2）程序流程图中用箭头代表控制流，可以随心所欲地画控制流程线的流向，容易造成非结构化的程序结构，编码时势必不加限制地使用GOTO语句，导致基本控制块多入口或多出口，会使软件质量受到影响，与软件设计的原则相违背。

3）程序流程图不易表示数据结构。

4）详细的程序流程图每个符号对应于源程序的一行代码，对于提高大型系统的可理解性作用甚微。

## 7.2.2 盒图（N-S图）

N-S（nassi-shneiderman）图是一种用于详细设计表达的结构化图形设计工具。最初由Nassi和B.Shneiderman开发，后经Chapin扩充改进。同程序流程图相比，N-S图具有功能域表达明确，容易确定数据作用域的优点。作为详细设计的工具，N-S图易于培养软件设计的程序员结构化分析问题与结局问题的习惯，它以结构化方式严格地从一个处理到另一个处理的控制转移。每一个N-S图开始于一个大的矩形，表示它所描述的模块，该矩形的内部被分成不同的部分，分别表示不同的子处理过程，这些子处理过程又可以进一步分解成为更小的部分。在N-S图中，为了表示五种基本控制结构，规定了5种图形构件（见图7-3）。

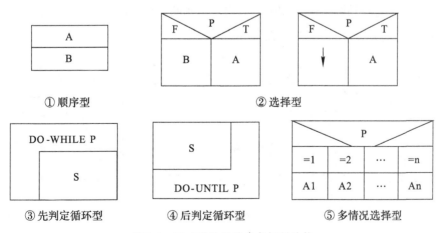

图7-3 N-S图的五种基本控制结构

其中，①表示按顺序先执行处理A，再执行处理B。②表示若条件P取真值，则执行"T"下面框A的内容；取假值时，执行"F"下面框B的内容。若B是空操作，则拉下一个"↓"。③和④表示两种类型的循环，P是循环的条件，S是循环体。其中，③是先判断P的取值，再执行S；④是先执行S，在判断P的取值。⑤给出了多个出口判断的图形表示，P为控制条件，根据P的取值，相应地执行其值下面各框的内容。任何一个N-S图，都是这5种结构相互组合嵌套而成的，当问题较为复杂时，N-S图可能很大，可以把这个图中的一些部分取个名字，在图中相应位置用名字而不是细节去表现这些部分，然后在其他地方把这些命名的部分进一步展开。

N-S图有以下个特点。

1）图中的每个矩形框都是明确了定义的功能域，是一种清晰的图形表达式。

2）它的控制转移不能任意规定，必须遵守结构化程序设计的要求。

3）很容易确定局部数据和全局数据的作用域。

4）很容易表现嵌套关系，也可以表示模块的层次结构。

### 7.2.3　PAD图

问题分析图（Problem Analysis Diagram，简称PAD）是由日本日立制作所研究开发的，综合了流程图、N-S图和伪码等技术的特点，用结构化程序设计思想表现程序逻辑结构的图形工具。问题分析图不仅支持软件的详细设计，还支持软件的需求分析和总体设计，是当前广泛使用的一种软件设计方法。

PAD也设置了3种基本控制结构的图式，并允许递归使用。五种控制结构如图7-4所示。其中①表示按顺序先执行A，再执行B。②给出了判断条件P的选择型结构。当P为真值时执行上面的A框，P取假值时执行下面B框中的内容。如果这种选择型结构只有A框，没有B框，表示该选择结构只有THEN后面有执行语句A，没有ELSE部分。③与④中P是循环判断条件，S是循环体。循环判断条件框的右端为双纵线，表示该矩形域是循环条件，以区别一般的矩形功能域。⑤是CASE型结构，当判断条件P=1时，执行A1框的内容，P=2时，执行A2框的内容，P=n时，执行An框的内容。

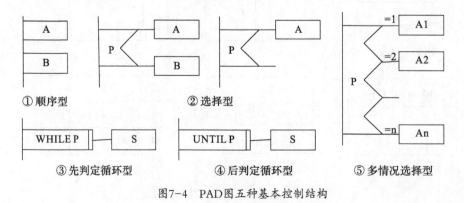

图7-4　PAD图五种基本控制结构

　　PAD图的执行顺序是从最左主干线的上端的结点开始，自上而下依次执行。每遇到判断或循环就自左而右进入下一层，从表示下一层的纵线上端开始执行，直到该纵线下端，再返回上一层的纵线的转入处。如此继续，直到执行到主干线的下端为止。

　　PAD图的主要优点如下。

　　1）清晰的反映了程序的层次结构，图中的纵线为程序的层次线，最左边的纵线为程序的主线，一层一层展开，层次关系一目了然。

　　2）PAD图的符号支持逐步求精的设计方法，左边层次中的内容可抽象，然后由左到右逐步细化。

　　3）PAD图既可以用于表示程序逻辑，也可以用于描绘数据结构。

　　4）容易将PAD图转换成高级语言源程序，这种转换可以用软件工具自动完成，从而可以省去人工编码工作，有利于提高软件可靠性和软件生产率。

### 7.2.4　判定表

　　当算法中包含多重嵌套的条件选择时，用程序流程图、N-S图或者PAD图都不易清楚的描述。判定表却能够清晰地表示复杂的条件组合与应做的动作之前的对应关系。一张判定表由4部分组成，左上部列出所有条件，左下部是所有可能做的动作，右上部是表示各种条件组合的一个矩阵，右下部是和每种条件组合相对应的动作。判定表右半部的每一列实质上是一条规则，规定了与特定条件组合相对应的动作。

表7-1　判定表实例

| 条件列表 | | 条件取值 | | | | |
|---|---|---|---|---|---|---|
| 条件1 | | T | F | | | |
| 条件2 | | T | | F | | |
| 条件3 | | T | | | F | |
| 条件4 | | T | | | | F |

| 动作列表 | | 动作取值 | | | | |
|---|---|---|---|---|---|---|
| 动作1 | | × | | | | |
| 动作2 | | | × | × | × | × |

　　判定表形式如表7-1所示，"T"表示取值为真，"F"表示该条件取值为假，空白表示这个条件无论取何值对动作的选择不产生影响，画"×"表示要做这个动作。阅读此表的方法如下，对于条件1的回答只有两个（T）或（F）。如果是F，从表上F向动作取值这一列查下来，根据相应的动作确定动作取值。如果是T，从该行T的位置下来查到第二行，

发现条件2的取值也与动作取值有关。条件2的回答也只有两个（T）或（F），当取值为F时，向下一查与其他条件无关，当取值为T时，回答条件3。以此类推，当所有条件的取值都为T时，才执行动作1，只要有一个条件为F，都执行动作2。在复杂的条件判断中，要用到各种条件的组合。列判定表的条件取值时，应当按所有可能的组合数来列，这样才不会有遗漏判断条件，以便对所有可能的情况进行确定的动作选择。

### 7.2.5 过程设计语言

过程设计语言（Process Design Language，简称PDL）又称伪码。这是一个笼统的名称，现在有许多不同的过程设计语言在使用。它是用正文形式表示数据和处理过程的设计工具。伪码的语法规则分为"外语法"和"内语法"。外语法应当符合一般程序设计语言常用语句的语法规则。而内语法是没有定义的，可以用英语（或汉语）中一些简洁的短语和通用数学符号来描述程序应执行的功能。

PDL具有严格的关键字外语法，用于定义控制结构和数据结构，它的内语法表示实际操作和条件是比较灵活的，可以使用自然语言的词汇。PDL不同于结构化语言，结构化语言是描述"做什么"，而PDL是描述处理过程"怎么做"。以下例举一个PDL具体的实例，它是在地图中找出面积大于0.1平方公里的地类图斑：

| | |
|---|---|
| BEGIN find out polygons | 查找图斑 |
| Find out layer of land class polygons | 找到地类图斑图层 |
| Find out polygons whose area is larger than 0.1 $km^2$ | 找出面积大于0.1 $km^2$的图斑 |
| Find out polygons of state owned land | 找出属于国有土地的图斑 |
| Show results that is found out | 显示查找到的结果 |
| END | |

从以上例子可以看出，PDL语言具有正文格式，很像一个高级语言。人们可以很方便地使用计算机完成PDL的书写和编辑工作。用PDL表示的程序结构有：顺序、选择（IF-ELSE、IF-ORIF-ELSE、CASE）、重复（FOR、WHILE、UNTIL）、出口（ESCAPE、CYCLE）、扩充（模块定义、模块调用、数据定义、输入/输出）。

PDL作为一种用于描述程序逻辑设计的语言，具有下述优点。

1）有固定的关键字外语法，提供所有结构化构造、数据说明和模块化的手段。外语法的关键字是有限的词汇集，能对PDL正文进行结构分割，使之便于理解。为了区别关键字，关键字一律大写，其他单词一律小写。

2）内语法使用自然语言的自由语法，用于描述处理过程和判定条件。内语法比较灵活，不必考虑语法错误，有利于人们把主要精力放在描述算法的逻辑上。

3）有数据说明的手段，既包括简单的数据结构（例如变量和数组），又包括复杂的数据结构（如链表）。

4）有子程序定义和调用机制，用以表达各种方式的接口说明。

PDL作为一种设计工具有下述优点。

1）可以作为注释嵌入在源程序中间，这样做能够促使维护人员在修改程序代码的同时也相应地修改PDL注释，有助于保持文档和程序的一致性，提高文档的质量。

2）可以自动生成程序代码，提高软件生产率。

3）可以使用普通的正文编辑程序或文字处理系统，很方便地完成PDL的书写和编辑工作。

PDL的缺点是，不如图形工具形象直观，描述复杂的条件组合与动作间的对应关系时，不如判定表等清晰直观。

# 7.3　GIS功能详细设计

考虑到很多GIS都是OA的子系统，首先要设计与GIS有关的自动化办公功能，根据业务的流程和相关规定设计业务工作的自动化办公功能以及这些功能与GIS的接口，然后在此基础上再设计GIS的功能。

## 7.3.1　GIS功能设计概述

### 1. GIS功能设计的内容

一个应用型GIS系统有无生命力，主要看系统对事物处理是否满足应用的要求，即系统具有哪些功能及这些功能处理事务的能力。GIS功能设计的主要任务是根据系统研制的目标来规划系统的规模和确定系统的各个组成部分，并说明他们在整个系统中的作用域和相互关系。按照功能的类别可以分为属性数据库的功能设计和空间数据库的功能设计，这两种类别的设计相互联系，相互影响，不能放开一种类别而进行单独的功能设计。只有在两种功能设计时进行相互结合与参考，才能设计出一个完善的GIS应用系统。

详细设计任务如下。

1）细化总体设计的体系流程图，绘出程序结构图，直到每个模块的编写难度可被单个程序员所掌握为止。

2）为每个功能模块选定算法。

3）确定模块使用的数据组织。

4）确定模块的接口细节及模块间的调度关系。

5）描述每个模块的流程逻辑。

6）编写详细设计文档。主要包括细化的系统结构图及逐个模块的描述，如功能、界面、接口、数据组织、控制逻辑等。

### 2. GIS功能设计的原则

GIS系统功能设计一般应遵循以下原则。

1）功能结构的合理性：即系统功能模块的划分要以系统论的设计思想为指导，合理地进行集成和区分，功能特点清楚、逻辑清晰、设计合理。

2）功能结构完整：根据系统应用目的要求，功能齐全，适合各应用目的和范围。

3）系统各功能的独立性：各功能模块应相互独立，各自具备一套完整的处理功能，且功能相互独立，重复度最小。

4）功能模块的可能性：模块的稳定性好，操作可靠，数据处理方法科学、适用。

5）功能模块操作的简便性：各子功能模块的操作应简单明了，易于掌握。

## 7.3.2 属性数据库的功能设计

属性数据库管理子系统是GIS软件进行信息存储、查询、分析、统计等功能的基础，也是实现图形与属性交互的基础。用户可以随意提取数据库中的信息参与图形的分析和处理，也可以把图形中提取的信息或分析处理的结果返回到属性数据库，因此，是整个GIS系统中的重要组成部分。属性数据库的功能设计主要包括以下几方面。

**（1）数据库操作**

建立新的数据库和数据表，修改数据库或数据表的结构，删除数据库或删除数据表中的记录，进行数据库的合并操作。通过进行数据库文件的格式换转，方便与其他数据库进行数据交换与融合。

**（2）数据输入**

数据录入功能包括：数据项的直接手工录入；对已有数据表或其他数据格式的直接导入；部分数据的直接拷贝，复制N条记录相同的数据或者复制内容相同的字段，以提高录入效率；进行数据修改，添加记录、插入新记录、插入新的字段等等。

**（3）数据查询统计**

属性数据查询统计包括：利用结构化查询语言（SQL）提供多种灵活的数据库查询；进行属性数据逻辑查询，对符合指定逻辑条件的数据查询；进行属性空间查询，对符合条件的属性，查询其空间图形，实现从数据到图的查询；提供数据计算统计和统计分析功能，按照一定的逻辑运算，计算并统计结果，把查询结果按照一定格式保存或者输出。

**（4）数据输出**

属性数据的输出方式主要有报表、饼状图、直方图、折线图、立体直方图、立体饼状图等方式。格式报表是按一定目的设计的表头表格形式以及附加注记等，其结果可进行保存，表格输出则把事先设计好的表格文件打印输出。对于生成的各种图形，则可以加上图名、图例、注记等，以图片的形式输出。

### 7.3.3　空间数据库的功能设计

空间数据库管理子系统主要完成对图形数据的管理和操作，完成图形的输入、转化、查询编辑和输出等功能。它是GIS软件的核心部分，GIS应用系统的最显著的特征就是地理空间数据与应用系统的结合。空间图形数据的功能设计包括以下几方面。

**（1）图形输入**

图形输入的主要包括对其他数据格式的直接导入，栅格图像的扫描输入，以及栅格图形的矢量化。

**（2）图形转换**

图形转换包括坐标投影转换和格式转换。每个地理地图和图形数据都应该有对应的坐标系统和地图投影系统，未经过配准的数据也需要进行坐标配准，以确保进行进一步的分析工作。实现不同坐标系统之间的转换，以满足不同用户的需求。实现不同数据格式的转换，要实现对常用GIS软件的通用格式的转换，确保图形数据的兼容性。

**（3）图形操作，包括图形量算**

图形操作与量算主要有：能进行图形的基本操作，如放大、缩小、漫游、全局显示等；实现图形的旋转，图形的叠加，图形的拼接；对图形完成一些距离、周长、面积的量算以及其他图形相关的计算。

**（4）图形图像编辑**

图形图像编辑包括能够对图形进行增删、连接、合并、打断、移动、复制等基本操作；能进行符号的设计和图形的整饰，建立或者编辑符号库，自动生成符号库；能实现图形的拓扑，建立图形元素之间的拓扑关系，并能进行拓扑检查。对图像的处理包括进行图像的几何校正、图像进行灰度值变换、图像彩色合成、图像特征提取等操作。

**（5）空间分析**

空间分析是指图形、属性之间的查询和运算，主要包括3种：缓冲区分析，根据图形中点、线、面实体，建立周围一定距离范围的缓冲区；叠加分析，将同一比例尺，同一区域的多种图形要素进行叠加，得到新的图形和属性数据；网络分析，包括最佳路径分析、连通分析、资源分配、地址匹配等。

**（6）图形图像输出**

图形图像输出是指根据用户需要添加相应的符号、颜色、注记、图例，对图廓进行必要的整饰，进行栅格图、矢量图或者其他各类专题图的输出。此功能需要提供丰富的软件输出接口和绘图指令，才能与多种输出设备的类别和型号兼容，实现最方便输出。

GIS功能详细设计结束时，应参照附录3编写设计书，它是系统实现的依据。

# 7.4 GIS软件用户界面设计

用户界面对于所有计算机操作至关重要，它不仅仅是一个界面，也是连接用户与系统之间的纽带。同其他软件一样，GIS用户界面设计作为人机接口也起着越来越重要的作用，它的好坏直接影响到GIS产品的寿命。当软件在功能、性能等方面类似时，用户会毫不犹豫地选择具有友好用户界面的GIS产品。对于开发一个更具有竞争力的GIS产品来说，好的用户界面是非常重要的。

## 1. 界面设计的流程

地理信息工程是以地图作为主要数据和交流载体的一种工程项目，因此界面的美感与体验感设计是决定用户对系统界面感觉的主要原因。界面设计从流程上分为结构设计、交互设计和视觉设计三大部分。

结构设计也称概念设计，是界面设计的骨架。通过对用户研究和任务分析，制定出产品的整体框架。在结构设计中，目录体系的逻辑分类和词语定义是用户易于理解和操作的重要前提。

交互设计的目的是使产品让用户能简单实用。任何产品功能的实现都是通过人和机器的交互来完成的。因此，人的因素应作为设计的核心被体现出来。交互设计的原则如下。

1）有清楚的错误提示：误操作后，系统提供有针对性的提示。

2）让用户控制界面："下一步""完成"，面对不同层次提供多种选择，给不同层次的用户提供多种可能性。

3）允许兼用鼠标和键盘：同一种功能，同时可以用鼠标和键盘，提供多种可能性。

4）允许工作中断。

5）使用用户的语言，而非技术的语言。

6）提供快速反馈：给用户心理上的暗示，避免用户焦急。

7）方便退出。

8）导航功能：随时转移功能，很容易从一个功能跳到另外一个功能，一般要提供用户从整体到局部的"鹰眼图"。

9）让用户知道自己当前的位置，使其做出下一步行动的决定。

在结构设计的基础上，参照目标群体的心理模型和任务达成进行视觉设计，包括色彩、字体、页面等。视觉设计要达到用户愉悦使用的目的。

## 2. GIS用户界面设计的特点

作为软件的重要组成部分，好的用户界面应具有下述三方面特性。

（1）可使用性

用户界面的可使用性是用户界面设计最重要的目标，其中包含：①使用的简单性。要求用户能够方便地处理各种基本对话。②术语的标准化和一致性。要求软件技术用语符合软件工程规范。③拥有强大的帮助功能。用户能从帮助中获得软件系统所有的规格说明和各种操作命令的语法，在任何时间，任何位置为用户提供帮助。④快速的系统响应和低廉的系统成本。用尽量少的系统开销，实现快速的系统响应和完善的系统功能。⑤具有容错能力和错误诊断功能。提供清楚易理解的错误信息，提出修改错误的建议；提供系统内部的出错保护，防止造成数据的损坏或者丢失。

（2）灵活性

用户界面的灵活性包括：①算法的可隐可显性。对于不同的用户，应有不同的界面形式，但不同的界面不应影响任务的完成，用户的任务只与用户的目标有关，与界面方式无关。②用户可以根据需要制定和修改界面方式。在需要修改和扩充系统功能的情形下，能够提供动态的对话方式，如修改设置动态菜单，动态工具栏等。③为用户提供不同程度的系统响应信息，包括反馈信息，提示信息，帮助信息等。

（3）复杂性和可靠性

用户界面的复杂性是指用户界面的规模和组织的复杂程度。在完成预定功能的前提下，用户界面越简单越好。但不是把所有功能和界面安排成线性序列，可以把系统的功能和界面按其相关性质和重要性，进行逻辑划分，组织成树形结构，把相关命令放在同一分支上。用户界面的可靠性是指无故障使用的间隔时间，用户界面应能保证用户正确、可靠地使用系统，保证有关程序和数据的安全性。

### 3. GIS用户界面设计的原则

在地理信息系统中，用户界面设计要以用户为中心，置界面于用户控制之下，减少用户的记忆负担，把握实用，美观两个基本特点，并注重以下一些基本原则。

（1）简易性原则

用户界面的设计，尽可能简单和易于使用。作为一种软件，地理信息系统一般都具有庞大的规模，复杂的结构和众多的功能，如果组织不好，逻辑不清，很容易形成复杂的用户界面，并由此给用户带来使用中的各种不便。用户要能够理解界面，其中的文字符合阅读习惯，符号设计要直观。

（2）艺术性原则

用户界面是软件系统与使用者——即人的沟通，所以人性化的、美学感强的用户界面，更受欢迎。如在界面上增加一些艺术性的设计，能达到高雅、美观的效果，但颜色搭配要协调，各种要素布局要合理。

**（3）专业性原则**

专业性原则包括两方面的内容。

1）与系统的专业内容相协调。即用户界面的设计，要与软件使用者的专业特点相一致，能正确反映用户的专业用语和专业习惯，不出现外专业的类似用语等。

2）与用户的专业水平相一致。即用户界面的设计，还要与软件使用者的专业水平相适应。如果面对高级技术人员使用的系统，应尽可能使用专业词汇和学术用语，界面的引导设计在逻辑清晰的前提下也力求专业化；反之，面对普通用户使用的系统，如城市交通引导、旅游景点信息查询等，就不能使用过于专业化的名词与术语，也不能使用过于专业的界面引导设计。

**（4）系统性原则**

即用户界面的设计，应使其成为一个有机的系统，逻辑清晰、层次分明。

**（5）一致性原则**

一致性原则包括以下两个方面。

1）追求设计者模型、系统映象和用户概念模型的一致性。系统映象反映设计者的意图越好，设计者模型就会越接近用户形成的概念世界。即界面的概念表达方式应尽可能接近用户的想法。

2）控制应用方式的一致性。在类似的情况下，必须有一致的操作序列，并尽可能采用国家及行业标准和用户习惯的方式。相同的操作或菜单标题，不应出现在几个地方，以避免使用者产生理解或使用上的歧义。

**4. GIS用户界面设计的基本类型**

**（1）用户界面的主要类型**

1）对话框作为主界面。对话框是其中含有一组控件的矩形窗口，一般用于程序执行的特定环境条件，用来接收和处理用户的输入。各种对话框可以出现在系统执行中不同层次的各个过程，执行完有关的操作后即退出界面。优点是简单、明了，并可以进行一组相关内容的选择或输入，而不占用系统的主界面。使用对话框作为系统主要功能界面的情况比较少见，国产GIS软件MapGIS属于这种类型。以对话框作为系统主界面这种类型，一般用来开发小型的应用系统或者简单的地理信息查询系统。

2）单文档界面。在主窗口中，任何时候只能调入并处理一个文档的应用程序成为单文档界面（SDI）。如Windows下的"写字板"软件，就是一个典型的单文档界面软件。地理信息系统处理数据量大，同时调入并处理地理数据库的情况较少。所以，地理信息系统的设计，特别是专题型的地理信息系统，一般都不需要同时处理多个地理数据文件，单文档界面很适合这种设计。例如，ESRI公司ArcGIS系列中的ArcMap就属于单文档界面。

3）多文档界面。与当文档界面的情况相反，对文档界面（MDI）就是能同时打开处理多个数据文件的应用程序。例如国产GIS软件SuperMap的SuperMap Deskpro就属于多文档界面。

**（2）用户界面主要用到的组件**

GIS软件与其他软件的用户界面有比较大的差别，最主要的差别在对于地图控件的使用。这是GIS软件特有的关于地图的显示和操作的控件，每一款GIS软件如果缺少了地图软件，就失去了其本身进行GIS应用的意义。由于地图组件自身的功能和其位置相对固定，对于GIS软件这种复杂功能的实现，其组件的使用就显得非常重要。除了普通的命令按钮、标签、文本框、列表框等基本组件，常用的重要组件还包括菜单、工具栏、选项卡等高级组合。

1）地图控件。GIS软件中地图显示组件是整个用户界面的核心部分，地图一般能占据用户界面的绝大部分空间。地图组件可以影响到整个用户界面的布局，也最直观的影响到用户对GIS软件的认可程度。地图控件的最直接的功能就是对地图的显示和进行地图操作。通过地图控件实现对查询结果、分析结果的显示，提供最直观的最简洁的地图服务，实现对地图的自由缩放、漫游、按比例尺缩放、距离测量、面积测量等基本操作以及各类复杂的专题操作。需要注意的是，作为地图显示的工具，因为地理数据分类多，内容量大，通常需要设置地图内容的分级显示，设计不同比例尺下显示地理信息的多少，避免了内容的繁杂，难以读懂。

2）鹰眼。在GIS软件地图的显示工具中，通常还有一种鹰眼工具，用于显示当前地图窗口在全图中的位置。鹰眼显示和地图窗口显示地图是一个互动的过程，当前地图窗口变换地图或者显示的区域发生变化时，鹰眼自动进行相应变化；当用鹰眼进行漫游时，通过改变鹰眼中窗口位置，可改变相应的主窗口地图显示区域。

3）菜单。菜单是提供一组执行命令的列表，供用户进行各种选择，从而完成相应的系统功能。菜单将系统功能按层次列于屏幕上，不需要大量的记忆，利于探索式学习。常用的菜单有普通菜单、下拉式菜单和弹出式菜单。普通菜单是在屏幕上显示各个选项，每个选项指定代号，通过键盘输入或者点击鼠标，实现具体操作。下拉式菜单是一种二级菜单，第一级是选择栏，第二级是选择项，通过选择具体的选择栏打开对应的选择项，供用户进行选择。弹出式菜单是选中相应对象后，单击鼠标右键出现的下拉菜单，将鼠标移到所需的功能项目上，执行相应的操作。

4）工具栏。工具栏是一组整体排列的图形按钮，在Windows单文档界面或多文档界面环境下，一般在窗口上方，沿菜单栏分布有工具栏，在实际的界面设计中，也可以沿文档窗口的左、右、下方安插工具栏，也可以浮动于窗口之中，可以自由改变位置。工具栏一般完成菜单中的常用操作，用户可以不用在下拉菜单中寻找相应的菜单项，这样使操作更加简单快捷。工具栏按钮的设计可以使用普通型、Check型、分组型等不同的形式，以满足用户的不同需求。

5）目录树。目录树通常是用一个叫"TreeView"的控件，用于显示Node对象的分层列表，每个Node对象均由一个标签或者包括一个可选的位图组成，通常用于显示帮助文档的标题，索引的入口，磁盘文件目录等，按照树状结构，组织分层的数据信息。GIS应用系统的开发中使用"TreeView"控件或类似的界面方法，主要用来显示数据的分层组织和帮助信息。便于用户直观的了解数据的层次结构，提高软件的使用效率。

6）状态栏。状态栏是Windows程序界面中的常用组件，一般置于窗口底部用来显示与操作相关的状态信息。对于GIS系统一般在状态栏显示的信息有当前正在执行的操作，当前活动图层，地图的当前比例尺，光标在地图窗口中的坐标位置。

## 7.5　GIS系统实现

### 1. 系统实现的流程

开发与实施是GIS建设付诸实现的实践阶段，实现系统设计阶段完成的GIS物理模型的建立，把系统设计方案加以具体实施。在这一过程中，需要投入大量的人力物力，占用较长的时间，因此必须根据系统设计说明书的要求组织工作，安排计划，培训人员。开发与实施的内容及流程如图7-5所示。

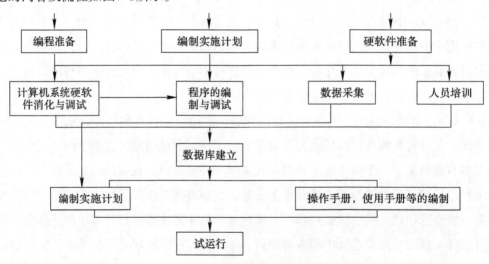

图7-5　GIS开发与实施的内容及流程

### 2. 平台选择

#### （1）GIS基础平台选择

GIS往往不是从底层进行开发的，而是建立在一定的GIS基础软件的基础上，如ARC GIS、SUPER MAP等。即使是从底层开发，也需要准备编程语言平台、系统开发中的工具软件、数据库管理系统软件等。软件的配置方案已经包含在系统设计方案中了，按照配置方案进行落实就可以了。

（2）开发语言环境选择

编程语言的选择常常依赖于开发的方法。如果要用快速原型模型来开发，要求能快速实现原型的构建，宜采用第四代编程语言（4GL）。如果是面向对象的方法，宜采用面向对象的语言编程，面向对象的语言有：C++，JAVA等。

（3）数据的选择

GIS是一种基于数据管理的信息系统，除系统运行后产生和录入的数据外，需要系统外提供大量的基础数据。虽然数据字典和数据库设计规定了数据的格式，但是系统在编程和测试中，需要使用到实际的数据，方便编程人员对程序进行调试和测试工作。选择的样板数据应全面具有代表性，才能测试出软件系统的漏洞。

（4）网络、硬件平台配置

一般说来，在经费一定，系统开发目标正确的条件下，硬件、操作系统软件及GIS基础软件要同时考虑，制定最佳的配置方案。硬软件选择除了应考虑和比较各种技术指标外，实施中还应注意各子系统之间的硬件、软件的兼容，当然最好选用统一的型号；硬件、软件最好由同一家公司负责；设备最好分批进，以适应计算机迅速更新换代的特点；切忌在尚未完成设计之前，先购置大量高档设备和软件，造成挤压浪费。

**3. 系统功能开发**

本质工作是程序编写工作，其产品就是一套程序，是GIS开发最终的主要成果。程序编写是一项系统工程，投入大量的人力、物力，其目的就在于研制出一个成功的软件产品。程序编写工作的组织管理实际上就是对上述人员训练、软件培训、程序编写、调试和验收等方面内容的合理安排，以提高程序编写的质量和效率。系统功能开发有以下几项工作：①程序语言的选择；②程序设计；③进行代码编写、调试和单元测试；④系统代码文档的编写。

系统功能开发最主要的工作就是程序编制与调试，它的主要任务是详细设计产生的每一个模块用程序语言予以实现，并检验程序的正确性。为了保证程序编制与调试及后续工作的顺利进行，硬软件人员首先应进行GIS系统设备的安装和调试工作。程序编制与调试在GIS开发软件提供的环境下进行（例如ARCGIS提供的开发环境下），按照问题分析、编写详细的程序流程图、确定程序规范化措施、编程、测试步骤实现。程序编制可采用结构化程序设计方法，使每一个程序都具有较强的可读性和可修改性。每一个程序都应有详细的程序说明书，包括程序流程图、源程序、调试记录以及要求的数据输入格式和产生的输出形式。

**4. 系统功能调试**

在功能开发完成后，根据系统的模块划分和接口设计进行功能的集成，关键是做好接口的调试工作。GIS工程的集成，主要是硬件、软件和数据的集成。在模块开发完成后，采用部分样例数据加载到系统中，进行试运行检验。根据需求说明书和测试用例，检验系统功能运行的正确性及与需求文档的符合程度。

GIS开发与实施阶段将产生一系列的系统文档资料，一般包括用户手册、使用手册、系统测试说明书、程序设计说明书、测试报告等。

## 7.6　GIS系统测试

系统测试是指对新建GIS进行从上到下全面的测试和检验，看它是否符合系统需求分析所规定的功能要求，发现系统中的错误，保证GIS的可靠性。一般说来应当由系统分析员提供测试标准，制定测试计划，确定测试方法，然后和用户、系统设计员、程序设计员共同对系统进行测试。测试的数据可以是模拟的，也可以是来自用户的实际业务，经过新建GIS的处理，检验输出数据是否符合预期的结果，能否满足用户的实际需求，对不足之处加以改进，直到满足用户要求为止。

### 1. 软件测试的基本方法

计算机软件是基于计算机系统的一个重要组成部分，计算机软件是逻辑产品，软件与硬件和数据具有完全不同的特征。

软件开发完毕后应与系统中其它成分集成在一起，此时需要进行一系列系统集成和确认测试。对这些测试的详细讨论已超出软件工程的范围，这些测试也不可能仅由软件开发人员完成。在系统测试之前，软件工程师应完成下列工作。

1）为测试软件系统的输入信息设计出错处理通路。

2）设计测试用例，模拟错误数据和软件界面可能发生的错误，记录测试结果，为系统测试提供经验和帮助。

3）参与系统测试的规划和设计，保证软件测试的合理性。

系统测试应该由若干个不同测试组成，目的是充分运行系统，验证系统各部件是否都能正常工作并完成所赋予的任务。下面简单讨论几类系统测试。

#### （1）恢复测试

恢复测试主要检查系统的容错能力。当系统出错时，能否在指定时间间隔内修正错误并重新启动系统。恢复测试首先要采用各种办法强迫系统失败，然后验证系统是否能尽快恢复。对于自动恢复需验证重新初始化（reinitialization）、检查点（checkpointing mechanisms）、数据恢复（data recovery）和重新启动（restart）等机制的正确性;对于人工干预的恢复系统，还需估测平均修复时间，确定其是否在可接受的范围内。

#### （2）安全测试

安全测试检查系统对非法侵入的防范能力。安全测试期间，测试人员假扮非法入侵者，采用各种办法试图突破防线。例如：①想方设法截取或破译口令；②专门定做软件破坏系统的保护机制；③故意导致系统失败，企图趁恢复之机非法进入；④试图通过浏览非保密数据，推导所需信息，等等。理论上讲，只要有足够的时间和资源，没有不可进入的系统。因此系统安全设计的准则是，使非法侵入的代价超过被保护信息的价值，此时非法侵入者已无利可图。

**（3）性能测试**

对于那些实时和嵌入式系统，软件部分即使满足功能要求，也未必能够满足性能要求，虽然从单元测试起，每一测试步骤都包含性能测试，但只有当系统真正集成之后，在真实环境中才能全面、可靠地测试运行性能。性能测试有时与强度测试相结合，经常需要其他软硬件的配套支持。

**（4）强度测试**

强度测试检查程序对异常情况的抵抗能力。强度测试总是迫使系统在异常的资源配置下运行。例如：①当中断的正常频率为每秒一至两个时，运行每秒产生10个中断的测试用例；②定量地增长数据输入率，检查输入子功能的反应能力；③运行需要最大存储空间（或其他资源）的测试用例；④运行可能导致操作系统崩溃或磁盘数据剧烈抖动的测试用例，等等。

**2. 系统测试设计的层次**

随着国内软件行业的不断发展，国内软件公司也越来越注重于软件的质量，越来越关注软件的可靠性，因此，作为质量保证的重要手段，软件测试过程的实施与管理成为一个热点，其中系统测试是整个测试活动的一个重要的阶段，系统测试的设计也就成为了关注点之一。

系统测试是针对整个产品系统进行的测试，目的是验证系统是否满足了需求规格的定义，找出与需求规格不相符合或与之矛盾的地方。

系统测试的对象不仅仅包括需要测试的产品系统的软件，还要包含软件所依赖的硬件、外设甚至包括某些数据、某些支持软件及其接口等。因此，必须将系统中的软件与各种依赖的资源结合起来，在系统实际运行环境下来进行测试。

系统测试过程包含了测试计划、测试设计、测试实施、测试执行、测试评估这几个阶段，而整个测试过程中的测试依据主要是产品系统的需求规格说明书、各种规范、标准和协议等。在整个测试过程中，首先需要对需求规格进行充分的分析，分解出各种类型的需求（功能性需求、性能要求、其他需求等），在此基础之上才可以开始测试设计工作。而测试设计又是整个测试过程中非常重要的一个环节，测试设计的输出结果是测试执行活动依赖的执行标准，测试设计的充分性决定了整个系统过程的测试质量。因此，为了保证系统测试质量，必须在测试设计阶段就对系统进行严密的测试设计。这就需要我们在测试设计中，从多方面来综合考虑系统规格的实现情况。通常需要从以下几个层次来进行设计：用户层、应用层、功能层、子系统层、协议层。

（1）用户层

主要是面向产品最终的使用操作者的测试。这里重点突出的是在操作者角度上，测试系统对用户支持的情况，用户界面的规范性、友好性、可操作性，以及数据的安全性。主要包括：

1）用户支持测试：用户手册、使用帮助、支持客户的其他产品技术手册是否正确、是否易于理解、是否人性化。

2）用户界面测试：在确保用户界面能够通过测试对象控件或入口得到相应访问的情况下，测试用户界面的风格是否满足用户要求，例如界面是否美观、界面是否直观、操作是否友好、是否人性化、易操作性是否较好。

3）可维护性测试：可维护性是系统软、硬件实施和维护功能的方便性。目的是降低维护功能对系统正常运行带来的影响，例如对支持远程维护系统的功能或工具的测试。

4）安全性测试：这里的安全性主要包括了数据的安全性和操作的安全性两部分。核实只有规格规定的数据才可以访问系统，其他不符合规格的数据不能够访问系统；核实只有规格规定的操作权限才可以访问系统，其他不符合规格的操作权限不能够访问系统。

（2）应用层

针对产品工程应用或行业应用的测试。重点站在系统应用的角度，模拟实际应用环境，对系统的兼容性、可靠性、性能等进行的测试。

1）系统性能测试：针对整个系统的测试，包含并发性能测试、负载测试、压力测试、强度测试、破坏性测试。并发性能测试是评估系统交易或业务在渐增式并发情况下处理瓶颈以及能够接收业务的性能过程；强度测试是在资源情况低的情况下，找出因资源不足或资源争用而导致的错误；破坏性测试重点关注超出系统正常负荷N倍情况下，错误出现状态和出现比率以及错误的恢复能力。

2）系统可靠性、稳定性测试：一定负荷的长期使用环境下，系统可靠性、稳定性。

3）系统兼容性测试：系统中软件与各种硬件设备兼容性，与操作系统兼容性、与支撑软件的兼容性。

4）系统组网测试：组网环境下，系统软件对接入设备的支持情况。包括功能实现及群集性能。

5）系统安装升级测试：安装测试的目的是确保该软件在正常和异常的不同情况下进行安装时都能按预期目标来处理。例如，正常情况下，第一次安装或升级、完整的或自定义的安装都能进行安装。异常情况包括磁盘空间不足、缺少目录创建权限等。还有一个目的是核实软件在安装后可立即正常运行。另外对安装手册、安装脚本等也需要关注。

（3）**功能层**

针对产品具体功能实现的测试。

1）业务功能的覆盖：关注需求规格定义的功能系统是否都已实现。

2）业务功能的分解：通过对系统进行黑盒分析，分解测试项及每个测试项关注的测试类型。

3）业务功能的冲突：业务功能间存在的功能冲突情况。比如：共享资源访问等。

（4）**子系统层**

针对产品内部结构性能的测试。关注子系统内部的性能，模块间接口的瓶颈。

1）单个子系统的性能：应用层关注的是整个系统各种软、硬件、接口配合情况下的整体性能，这里关注单个系统。

2）子系统间的相互影响：子系统的工作状态变化对其他子系统的影响。

（5）**协议/指标层**

针对系统支持的协议、指标的测试。

1）协议一致性测试

2）协议互通测试

# 第8章 GIS软件开发

地理信息系统是一类获取、处理、分析、表示并在不同系统、不同地点和不同用户之间传输数字化空间数据的计算机应用系统。空间位置、属性及时间是地理空间分析的三大要素。由于地球上80%以上的信息与空间位置有关，它应该成为在操作系统、数据库管理系统之上的主要应用集成平台，占据软件产品的主流地位。但是，目前GIS软件在技术上并不能适应飞速发展的应用要求，尤其不能适应"数字地球""数字城市"和"数字区域"建设中数据集成和功能集成的需要。认真研究现有GIS理论与软件实现技术的不足，寻求理论、方法、技术和工具四个层次的突破和创新，已经成为当务之急。

## 8.1 GIS软件的发展

GIS软件提供一系列功能模块用来存储、分析和显示空间数据。GIS软件有以下要求：①提供显示、操作地理数据（如位置、边界）的常用工具；②提供空间数据库管理系统；③提供图形与属性数据同步查询统计分析功能；④简单易用的图形用户界面。经过40多年的发展，GIS应用不断深入，GIS软件种类日益增多，从低层次的显示商业网点分布的商业制图软件到高层次、管理分析大型自然保护区的GIS软件，从简单的地理数据库到栅格、矢量和不规则三角网数据一体化管理的大型GIS软件。

自从1960年加拿大测量学家Roger F Tomlinson提出"要把地图变成数字形式的地图，便于计算机处理与分析"的观点以来，就一直是研究与发展GIS软件的指导思想。纵观GIS发展50年的历史，GIS软件技术及其应用取得了巨大的发展，但也存在着严重的不足。从技术层面着眼，其发展大致可以分成下述3个阶段。

（1）第一代GIS软件

从60年代中期到80年代的中后期，是GIS软件从无到有、从原型到产品的阶段。由于各种条件，包括自身理论和实现技术的不成熟和IT技术的限制，这一阶段的GIS软件存在许多不足。其特点具体体现在以下几个方面。

1）以图层作为处理的基础。由于当时GIS系统中空间数据的主要来源是纸质地图的数字化，在GIS的数据模型中，图层处于中心地位。定义某一地理轮廓，在此范围内的相关

（专题）空间数据组成图层，同一图层的空间数据存放在一个文件之中。空间定位与量算以图廓范围内的平面笛卡尔坐标系为基础，操作局限于当前图层内。利用计算机技术可以计算空间实体之间的拓扑关系，实现同一区域内各种专题数据的叠置、影响区域分析（缓冲）和线状实体的路径分析。但是，各类查询与计算只能在同一图层中进行。

2）以系统为中心。当时的GIS软件空间数据各自有自己的数据格式，自成系统，不同的GIS系统基本上没有联系。与其它的软件工具，例如MRP Ⅱ软件、CAD软件等在数据和程序上不存在集成关系。

3）只支持单机、单用户。由于IT技术的限制，当时的GIS系统只能在单机上运行，尽管在后期X协议和X终端已经普遍使用，但由于不能描述空间数据及其操作，这时的GIS软件无法实现分时操作模式。

4）全封闭结构，支持二次开发能力非常弱。当时的GIS只提供功能极其有限的供查询和计算的自定义语言，与数据库、通用的编程语言没有建立联系，用户只能按照已经开发好的应用系统功能接口操作，或者联机地、一步一步地完成自己预定的计算任务，无法连贯地、批量地实现复杂的自定义应用功能。

5）以文件系统来管理空间数据与属性数据。GIS中的数据分为空间数据和属性数据两类，空间数据描述空间实体的地理位置及其形状，属性数据则描述相应空间实体有关的应用信息。由于当时数据库管理系统只能管理结构化数据，对空间数据这样的非结构化数据使用无法进行定义、管理与操纵，GIS软件只能在文件系统中自行定义空间数据结构及其操纵工具。由于最初关系型DBMS不够成熟与普及，对属性数据这样的结构化数据，也放在文件系统中进行管理，空间数据、属性数据两者之间通过标识码建立联系。

6）应用领域较为狭窄。应用领域基本上集中在资源与环境领域的管理类应用。

**（2）第二代GIS软件**

从80年代末到90年代中期，是GIS软件成熟和应用快速发展的时期。这一阶段，GIS软件作为一种软件工具，理论与技术已经基本成熟。由于其具备空间数据操纵能力，在应用中受到青睐，应用领域迅速扩展。这个时期，网络技术已经成熟并广泛应用，巨大的应用前景也对GIS软件提出了各种各样的要求，GIS软件实现技术得到了迅速发展。但是，GIS的基本技术体系仍然没有发生根本的变化。其特点具体体现在以下几方面。

1）以图层作为处理基础。由于空间数据模型没有根本的变化，以图层为处理基础的模式依然没有变化。对属性数据的查询可以在数据库范围内进行，但对空间数据的操作仍然限制在同一图层之内。在GIS应用系统事先定义的应用功能以外，大量的应用问题求解只能采用人工的交互操作方式。

2）引入网络技术，支持多机、多用户。由于这一阶段网络技术已经成熟，应用范围迅速扩大，GIS软件也转向多用户和Client/Server结构。但是，由于空间数据组织和存储模式没有根本变化，Client与Server的关系基本上属于空间数据文件下载和回送的关系，基本的空间数据处理功能在Client端实现。是一种典型的"胖Client"类型。Server只作空间数据的服务器使用，以NFS（网络文件系统）技术为基础，只能实现一种Device-Shared的C/S结构。

3）以系统为中心。GIS应用系统仍然是自成体系，不同系统之间空间数据的交换能力有所提高，以数据转换为主要手段。由于属性数据利用商用DBMS来管理，可以利用标准的结构化查询语言来进行操纵，通过属性的综合查询结果显示相应的空间图形，数据操纵能力有所增强。另一方面，可以以属性数据库为纽带与其它系统建立联系，与其它系统的集成能力略有增强，但仍然比较弱。

4）支持二次开发的能力有所增强。由于通用编程语言的编程环境逐渐完善，GIS提供应用编程接口（API）可以嵌入应用系统的程序，例如，系统定义的GIS功能程序可以以库函数的形式出现，通过"Include"方式供应用程序调用。这一阶段的GIS系统支持二次开发的能力有所增强，但灵活性仍受到较大的限制。

5）应用领域开始有较大范围的扩展。引入空间数据的优越性越来越为人们所认识，GIS的应用范围迅速从资源环境领域向外扩展。城市规划与公用设施管理、电力、电信管理、交通管理等许多领域成为GIS应用的新热点。规划、布点、选址、路由选择等分析决策应用开始出现，但基本上还是以管理类应用为主。

**（3）第三代GIS软件**

90年代中期开始，延续至今。这一阶段IT技术的突出进步是网络技术，特别是Internet在全球的普及以及面向对象软件方法论和支撑技术的成熟，为GIS软件的技术进步注入了新的活力。GIS逐渐渗透到人类生活的各个方面，迎来了GIS应用高速扩展的时期。大量的应用要求驱使GIS软件技术快速发展，开始具备作为应用集成平台的能力。其特点具体体现在以下几个方面。

1）仍然以图层为处理的基础，但面临不断演化。虽然空间数据的存储引入了新的技术，但空间数据模型仍然没有很显著的变化。商用DBMS（如Oracle、Informix、DB2、SQL SERVER等）相继实现了对空间数据的管理，尽管还不够完善，空间数据的管理手段还是有了明显的提高。但是，由于DBMS对空间数据的操纵手段还比较原始和初等，加上GIS在设计思想上没有突破地图的限制，适合空间数据处理的中间件相当缺乏，以图层为处理基础的局面并没有得到根本的变革。但是，随着GIS应用的多样化，以图层处理为基础所带来应用上的不便与弊端为越来越多的人所认识，新的处理模式正在酝酿与试探之中。

2）引入了Internet技术，开始向以数据为中心的方向过渡，实现了较低层次的（浏览型或简单查询型）的B/S结构。由于Internet技术和WEB技术的成熟与大规模普及应用，

GIS开始面向传统行业和广大民众服务,逐渐向以数据为中心的方向过渡,WebGIS走向成熟,已经成为GIS应用的一种重要方式,空间信息应用的B/S结构已经出现。但是,由于对空间数据的操纵手段比较弱,难以实现复杂的一体化操作。目前这类系统基本上是浏览型或功能相对简单的查询型系统,完全操作型的系统尚未出现。

3)开放程度大幅增加,组件化技术改造逐步完成。面向对象软件方法论的成熟,体现面向对象的软件开发工具逐渐普及。其中最突出的是软插件技术,软件系统组件化已经成为一种趋势。国外主要的GIS软件在九十年代中期开始组件化改造,并在20世纪末相继完成。这样,GIS软部件可以与主要的跨平台编程工具结合,作为控制语言可以在软部件基础上组织复杂应用,GIS软部件也可以作为各种应用软件的功能部件出现。至此,GIS软件的开放性大幅度提高,融入了主流软件,实现了跨平台运行的夙愿。

4)逐渐重视元数据问题,空间数据共享、服务共享和GIS系统互联技术不断发展。GIS软件的广泛应用,空间数据和GIS服务功能的共享提到了重要的议事日程。属性数据的共享由于开放数据库互联(ODBC)的出现已经解决,不同GIS系统之间空间数据的共享已经不满足于数据的互相转换,空间数据的元数据问题受到越来越多的关注,GIS功能标准化的问题也倍受重视,不同GIS系统之间互操作成为突出的问题。开放GIS组织(OGC)提出了开放地理信息规范(OPENGIS),旨在解决空间数据的继承、共享以及地理操作的分布与共享,对GIS开发平台提出了更高的要求。可以预计,各类空间数据引擎、适应多种GIS软件的功能代理会在较短的时间内出现。OPENGIS就像ODBC之于数据库,将成为空间数据操作的统一标准。

5)实现空间数据与属性数据的一体化存储和初步的一体化查询,并将不断完善。第三代GIS软件实现了用商用DBMS进行空间数据和属性数据的一体化存储和初步的一体化查询,提高了空间数据的操纵能力。多源空间数据仓库技术也将在未来两三年内逐渐成熟。但是,由于目前对空间关系的理解和表达形式还没有一个完整的、确定的框架,空间信息的完整性、一致性研究有待深入,目前的空间数据、属性数据一体化查询语言还比较初等,表达能力还比较弱,完善和提高尚需时日。

6)应用领域迅速扩大,应用深度不断提高,开始具有初步的分析决策能力。随着GIS应用需求的急剧扩大,大量的LBS(Location Based Service)应用为GIS注入了新的活力,开拓了广阔的市场。各类分析决策需求、甚至三维应用要求也摆在应用开发的面前。第三代GIS软件一般将此类应用问题放在应用层面来解决,在没有探索出一种公共模型的情况下,这种做法不失为有用之道。在数据挖掘已经广泛使用的今天,完整意义下的空间数据挖掘还没有出现,更多的是对属性数据进行挖掘,辅以简单的空间显示。

## 8.2　GIS软件开发方法

在GIS诞生之初，GIS的概念、理论和方法还在人们的交流与探索之中，当时系统的开发，均由开发者从底层做起，没有现在的开发工具乃至开发方法可以借用。随着GIS的发展，有关GIS的概念、理论已经逐步形成，有关的技术方法经过一定时间的发展，也逐步形成了一套相对经典、规范的方法。这时，就诞生了各种开发工具。应用型的GIS大都是通过这些专用的GIS开发工具进行开发的。现阶段，GIS软件的主要开发方法主要是采用GIS开发工具进行二次开发和底层开发GIS系统两种方式。根据两种方法的各自特点，结合实际应用，选择不同的开发方法。

### 8.2.1　GIS软件开发技术特点

GIS应用领域广泛，用户的技术需求相当多元化。

1）与多数信息系统一样，GIS软件技术涉及数据管理（更强调空间数据管理）、系统结构（客户机服务器模式，web服务、应用服务和客户机构成的三层模式，采用.net和J2EE等架构）、编程方法（VB、C/C++、Java等语言）等诸多方面。

2）按照GIS项目的规模，可以把它划分为桌面级、部门级、企业级、跨组织级以及社会化服务。简单的GIS应用，采购一个GIS软件，装在普通的个人计算机上，制作或采购所需的地理数据，就可投入使用。而复杂的GIS系统，不仅需要购置大量的硬件设备、开发专门的地理数据库，而且需要进行大量的应用开发，项目周期长达一年或数年。

3）不少GIS应用情况并非纯粹的GIS，需要和其他业务系统进行整合。从系统结构看，有些系统运行在桌面系统中，有些系统是在企业级或跨组织的计算环境中，要求集中式或分布式的数据管理、交换与共享，对系统提出了很高的技术要求。

4）用户的功能需求多样，部分或全部地要求空间数据的采集、整理、管理、分发、制图、分析等功能，并与具体的业务流程相结合，产生多样化的信息产品。

GIS软件通常提供两种编程方式：商业软件客户化和集成开发。早期的GIS软件，虽然有较强的空间数据管理、制图和分析功能，但很难与常用开发工具和数据库直接集成，仅仅通过宏语言让用户进行功能有限的二次开发。近20年来，GIS软件逐步采用主流信息技术，支持流行的信息技术框架，可直接操作数据库，方便技术人员将系统集成进行。因此，目前的GIS不再是孤立的技术系统，可以通过多种技术方式开发应用系统。商业软件客户化是基于商业GIS软件，使用软件提供的宏语言或二次开发接口，开发用户所需的功能。例如，在ArcGIS软件环境中，使用VB、C/C++等语言设计某一功能，将该功能添加到软件界面中。集成开发则是基于GIS软件提供的系统集成方案，使用常见的软件工具，开发用户的应用系统。在Windows体系下,通常将GIS软件提供的Com组件(如MapObjects,ArcObjects,MapX,Geomedia等)嵌入到Visual C++,Visual Basic,Borland C++,Delphi等软件工具中。在J2EE结构下,通过Java语言调用GIS软件提供的各种类库,实现空间数据管理、地图操作等功能。

虽然GIS应用于常规信息系统有诸多相似之处,可以借用软件工程的思想和方法,但也应当注意到GIS应用系统具有一些其他系统所不具备的特征。

1)地理空间数据的特殊性,地理空间数据的模型、结构和表现方式比常规数据表复杂得多,数据处理过程复杂。

2)地图是GIS的核心,与地图有关的基本操作要求设计良好的、可视化的用户界面;GIS界面要能够将空间数据与表格数据有机结合,方便数据查询、浏览和分析。

3)GIS应用往往要求在开发阶段完成地理空间数据的数据库建库,并在应用中维护数据库,保证数据的现实性。因此,空间数据资源开发是GIS开发的一个重要内容。

4)与一般管理信息系统软件工具相比,GIS基础软件尚不完善,表现在不同软件的功能有差异、标准化程度不够。

5)地理空间数据本质上是公共产品,但各地或各部门的数据采集、版权、定价与供应受到一系列制度因素的影响,造成数据分散、格式各异,详尽程度和客观性也有较大差别,直接或间接影响到GIS应用。

因此,GIS分析、设计与实施过程中,需要特别关注以上特点。

## 8.2.2 GIS专业开发工具开发

### 1. GIS专业开发工具分类

根据现阶段出现的GIS系统专业开发工具的组成机构和特点,可以将其归纳为集成式GIS、模块化GIS、组件式GIS和网络GIS等几个主要类别。

#### (1)集成式GIS

集成式GIS指集合各种功能模块的大型GIS系统软件包。ESRI公司推出的ArcInfo,MapInfo公司的MapInfo,AutoDesk公司的AutoMap等都是集成式GIS开发工具。集成式GIS系统的优点是各项功能已形成独立的完整系统,提供了强大的数据输入输出功能、空间分析功能、良好的图形平台和可靠性能;缺点是系统复杂、庞大,成本较高,并且难于与其他应用系统集成。

#### (2)模块化GIS

模块化GIS系统是把GIS系统按功能划分成一系列模块,运行于统一的基础环境中。模块化GIS具有较大的工程针对性,便于开发、维护和应用,用户可以根据自己的需求选择模块。Intergraph公司的MGE就是一个有代表性的模块化GIS系统。模块化GIS系统具有较强

的工程针对性，便于开发和应用

（3）组件式GIS

组件式GIS是随着近年计算机软件技术的发展而产生的，代表了GIS系统的发展潮流。组件式GIS具有标准的组件式平台，各个组件不但可以进行自由、灵活的重组，而且具有可视化的界面和使用方便的标准接口。最主要的组件式GIS平台就是Microsoft的COM（Component Object Model的简称，即组件对象模型）。基于COM，Microsoft推出了ActiveX控件技术。ActiveX控件已经成为当今可视化程序设计的标准控件，新一代的组件式GIS大都是采用ActiveX控件来实现的。Intergraph公司推出的GeoMedia，ESRI公司推出的ArcGIS Engine，MapInfo公司推出的MapX，SuperMap公司推出的SuperMap Object等，都是采用ActiveX来实现的。

同传统的GIS技术相比，它具有明显的优势和特点，具体归纳为以下几点。

1）与语言的无关性。组件GIS提供的是为完成GIS系统而推出的各种标准ActiveX控件，使GIS系统开发者不必掌握专门的GIS系统开发语言，只需熟悉基于Windows平台的通用集成开发环境，知道组件式GIS各个控件的属性、方法和事件，就可以利用各种可视化开发语言（如Visual C++，Visual Basic，Visual C#，Delphi，C++Builder等）和利用这些控件开发实现GIS系统。

2）二次开发能力强。GIS的每一个功能模块都组件化了，其功能模块组件既提供给二次开发用户，同时也是组件GIS的内部调用的接口。

3）开放性和可扩展性。组件GIS可以嵌入通用的开发环境中实现GIS功能。通过通用的开发环境实现专业模型，克服传统GIS软件在系统集成上存在的低效、"有缝"等缺陷，实现高效、无缝的系统集成。

4）大众化和低成本。由于组件技术已经标准化，用户可以像使用其他ActiveX控件一样使用组件GIS的控件。GIS组件本身可以分解为若干个不同功能的构件，用户可以根据自己的实际需求选择构件，非专业的普通用户也能够开发GIS系统，大大降低了开发成本，有力地促进了GIS的普及。

5）分布式多数据源集成。组件化GIS使得在应用中可更容易实现分布式多数据源集成。

6）互操作性。将GIS的功能模块化、标准化，GIS厂商按照标准以组件的方式实现各个功能模块，不同厂商的功能模块相互之间才可协同工作达到互操作的目的。

（4）网络GIS

随着Internet技术的发展，地理信息系统也发生了质的飞跃，WebGIS应运而生。以单机或局域网为操作平台的工作模式终将被Internet操作平台所取代。利用这种新方法，从WWW的任意一个节点，Internet的用户都可以浏览到WebGIS站点上的地理数据，制作专题图件，进行空间查询检索以及空间分析。地理数据的概念已经扩展为分布式、超媒体特点的相互关联的数据，使GIS进入千家万户。终端用户可以在任何时候、任何地点共享使用各GIS服务商或政府机构提供的空间信息、应用服务。通过一个简单的浏览器就可以访问经过复杂的专业GIS分析产生的简洁、直观的结果。可以交互式访问动态更新的地图网址，在Internet网上完成单机系统常见的各种基于地图的GIS信息查询功能。另外，Internet与组件对象模型技术相结合，进一步发展了基于分布式组件模型的WebGIS。用户在网上可调用不同的控件和数据，在本机或某个服务器上进行分布式组件的动态组合和空间数据的协同处理与分析，完全实现远程异构数据的共享。目前，已经有一些公司推出了WebGIS开发工具，如AutoDesk公司的MapGuide，MapInfo公司的MapInfo ProServer，Intergraph公司的GeoMedia Web Map，ESRI公司的ArcGIS Server等。已经推出的WebGIS产品是利用现有的GIS软件通过CGI或者Sever API构造的过渡产品，随着组件式GIS的发展和分布式对象Web技术的逐渐成熟，未来的WebGIS将是基于COM/ActiveX或CORBA/Java技术开发的分布式对象GIS系统。

### 2. 使用GIS专业开发工具的优势

使用各种专业GIS开发工具，是当前GIS建设的一大特色，相对于GIS系统底层开发，有以下优点。

#### （1）起点高，可靠性能好

各种GIS系统专业开发工具一般提供了强大的数据输入输出功能、空间分析功能、良好的图形平台、巨大的存储容量、良好的可靠性能，可以在较高的起点上直接进行GIS系统的组织开发工作，开发的系统性能和可靠性好。

#### （2）有利于GIS技术标准与技术规范的形成

各种GIS开发工具的使用使先进的技术迅速脱颖而出，各种技术手段，数据标准也迅速向先进技术靠拢，从而有利于GIS技术标准和规范的迅速形成。

#### （3）简单易学，缩短系统建设周期

GIS系统专业开发工具是一个应用软件，既是提供二次开发功能，也是建立在已经实现的各种功能基础上的，所以对于用户来说，不需要特别高的程序设计思想和数据控制能力，掌握利用这些工具开发GIS系统的技术相对比较容易，大大提高了工作效率，缩短了系统建设周期。

### 3. 使用GIS专业开发工具的缺点

#### （1）可扩展性有局限

应用GIS开发工具开发实用系统时，往往遇到这种情况：我们要开发的系统，往往只需使用专业开发工具提供的很少一部分功能，而采用专业开发工具可能只能实现系统的大部分功能，而剩余的小部分功能很难用这个开发工具开发完成，甚至根本无法实现。虽然

现在的组件式GIS系统把各个功能模块细化，可扩展性的问题有所缓解，但是还存在一定的局限性。

**（2）系统较为庞大，软硬件要求高**

为了能够支撑运行这些GIS系统专业开发工具，往往对系统的软、硬件有较高的要求。这在开发一些小型的GIS系统，特别是开发传统意义以外的应用GIS技术的专用系统中，需付出额外的代价。

**（3）受系统版权限制**

版权问题是制约GIS系统专业开发工具的重要因素。利用这些GIS系统专业工具开发的GIS系统，实际上只是在原有系统的基础上做一些简单的应用开发，开发完成的产品同样需要这些专业开发工具的支撑平台，也就是用户除了支付开发费用外，还需要再购买这些支撑平台。对于GIS系统开发者来说，这就等于没有自己的产品，没有自主的系统版权，需要购买版权。此外，还要受到软件升级等各种因素的制约。

### 8.2.3　底层开发GIS软件

底层开发GIS是指不依赖于任何GIS工具软件，从空间数据的采集、编辑到数据的处理分析及结果输出，所有算法都由开发者独立设计，然后选中某种程序设计语言，如Visual C++、Delphi等，在一定的操作平台上编程实现。目前比较流行的GIS专业开发工具很多都是用面向对象技术的C++开发完成的。

**1. 底层开发GIS软件的优点**

**（1）较强的灵活性**

灵活性是底层开发GIS系统的最大优点。应用面向对象技术开发GIS系统时，因为系统的所有流程和数据都可以在设计者的控制之下，可以根据系统的具体要求实现具体的操作功能，在一些GIS（特别是在一些小型或并非以传统的GIS功能为主的）系统开发时，具有无可比拟的优势。它可以根据系统的需要来实现功能，设计的系统短小精悍，软硬件要求低，运行速度快。

**（2）易于扩展成各种系统**

用面向对象技术开发的GIS系统，与使用GIS系统专业开发工具不同。用GIS系统专业开发工具开发GIS系统时，开发者所做的是在别人系统基础上的简单开发和应用，完全受该专业开发工具的制约，开发者形成不了自主的技术积累和创新；而用面向对象技术开发GIS系统时，开发者可以在开发过程中，不断完善和综合开发技术，从各个方面进行完善，把系统的开发从应用项目级提高到开发工具级，最终能够完成自身的GIS系统开发工具和底层开发技术，并以此为基础，使其在信息管理系统（MIS）、决策系统（MS）、控制系统（CS）、辅助设计系统（CAD）等各种实用系统开发中得到迅速地推广应用。

**（3）具有系统版权**

开发者自身具有系统版权，在一些行业的大规模推广中具有无可比拟的优势。

**2. 底层开发GIS软件的缺点**

**（1）开发难度大，工作量大**

用面向对象技术开发GIS系统时，进行开发的出发点低，需要较高的开发技术和很大的开发量，要开发实用的二维矢量图形系统，所需要的开发量已经非常可观，如果再考虑实现三维、处理数模等操作功能，其开发量更大。开发出的矢量图形平台要经过反复修改调试，在短时间内可能无法与成熟的GIS开发工具提供的平台媲美。

**（2）开发的连续性难以得到保障**

目前在国内进行的软件开发项目，往往受商业利益的驱动，只是短期行为。通常的做法是采用一些最新的开发工具，拼装成用户需要的系统。这样开发出来的系统，常常是能用，但不好用；能解决一些问题，但解决不了全部问题；当前能使用，但难以改进和升级。这样结果是在软件设计中很难有大的突破。一些研究机构，则由于受管理体制等诸多因素的限制，也很难开发出具有竞争力的GIS产品，往往停留在研究阶段。

**（3）对开发人员的素质要求高**

用面向对象技术开发GIS系统，不同于使用成熟的GIS系统开发工具，需要有较强的设计思想、强大的数据和流程控制能力以及良好的协作精神。由于受国外软件产品的冲击和软件设计学习导向的影响，目前普通软件设计人员很难在短时间达到底层开发GIS系统的综合技术要求。

以上两节介绍了采用GIS专业开发工具和底层开发GIS系统软件的优缺点，在进行GIS软件设计的过程中，具体选用那种方法，需要考虑系统本身的性质和特点以及自身的具体情况来定。对于一些大型的GIS系统开发项目，如一个地区的综合信息管理系统等，因为其图形平台、容量、可靠性等各方面的要求，一般选择已经成熟的GIS系统专业开发工具（二次开发）来组织开发。而对于一些小型的GIS系统，特别是一些以数据管理、决策研究、辅助设计等具体应用为主的系统，或者在某个行业中需要推广使用的实用系统，则选择底层开发的方法。

# 8.3　GIS软件开发的相关技术

**1. 开发语言选择**

一般来说，对于桌面GIS，采用C，C++，VC++，VB等高级语言编程效率较高，可读性与可移植性好，出错率低，可以缩短开发周期，也便于用户进一步开发，但存在缺点，如高级语言对内存要求较高、运行速度慢、CPU资源利用率低。对于网络GIS，Java是专门针对网络应用而设计的编程语言，它于C++相似但比其简练，而且具有独立的软件平台，成为建立互联软件和软件客体的工具。

地理信息系统要求较完善的数据管理功能，特别是数据库的管理，用任何一种高级语言编制这样一个具有最小冗余和最大灵活性的数据库管理系统都是一项非常复杂的软件工程。目前，许多已经成熟的通用数据库管理系统，诸如FoxPro，Access，SQL Server，Oracle等都提供用户可编程式命令语言，这些语言可以被看作是具有较强数据库管理功能的超高级语言工具，均适用于地理信息系统的属性数据管理。

在GIS软件设计的过程中，具体选择什么样的开发语言和数据库管理系统，要根据具体的开发要求和开发人员个人的实际能力而决定。

### 2. 结构化程序设计

结构化程序设计（Structured Programming）是进行以模块功能和处理过程设计为主的详细设计的基本原则。其概念最早由E．W．Dijkstra在20世纪60年代提出的，是软件发展的一个重要的里程碑。它的主要观点是采用自顶向下、逐步求精的程序设计方法；使用3种基本控制结构构造程序，任何程序都可由顺序、选择、循环3种基本控制结构构造。采用模块化的方法进行设计，把程序要解决的总目标分解为子目标，再进一步分解为具体的小目标，把每一个小目标称为一个模块。

结构化程序设计的优点是将复杂的问题简单化，设计思路清晰，有利于系统开发的总体管理和控制。结构化程序设计的缺点是数据与过程设计相互独立，代码重用性差；可能导致数据与所需处理过程不匹配现象；封装性和隐蔽性差。

### 3. 面向对象技术

面向对象（Object Oriented，OO）是当前计算机界关心的重点，它是20世纪90年代软件开发方法的主流。面向对象的概念和应用已超越了程序设计和软件开发，扩展到很宽的范围。如数据库系统、交互式界面、分布式系统、网络管理结构等领域。它的主体思想是吸取结构化设计的优点，将现实世界问题目标化简单化；将数据与操作（处理过程）封装为一个相互依存、不可分割的整体；通过数据抽象技术将对象抽象为类；通过封装将信息隐蔽；通过对象之间的消息机制实现对象间的横向联系；通过继承实现对象类的重用。

面向对象的程序设计有以下优势：符合人类的思维方法；数据与操作一体化，便于使用；隐蔽性好；重用性好；易维护。

### 4. COM技术

所谓COM（Component Object Model，组件对象模型）技术，是一种允许对象之间跨进程、跨计算机进行交互的技术。它说明如何建立可动态互变组件的规范，此规范提供了为保证能够互操作，客户和组件应遵循的一些二进制和网络标准。通过这种标准将可以在任意两个组件之间进行通信而不用考虑其所处的操作环境是否相同、使用的开发语言是否一致以及是否运行于同一台计算机。

COM技术具有以下特性：我们可以在不同的程序和不同开发语言中使用同一个组件而不会产生任何问题，软件的可重用性将大大地得到增强。COM在分布式环境中的应用DCOM（Distribute COM）使用了一种基于标准的远程过程调用，提供了网络透明及通讯自动化，可以使不同机器之间实现互操作。

### 5. 网络技术

网络技术和GIS技术相结合，最直接的产物就是WebGIS（万维网地理信息系统）。它作为GIS的一项新技术，其核心是在GIS中嵌入HTTP标准的应用体系，实现Internet环境下的空间信息管理和发布。WebGIS可采用多主机、多数据库进行分布式部署，通过Internet/Intranet实现互联，是一种浏览器/服务器（B/S）结构，服务器端向客户端提供信息和服务，浏览器（客户端）具有获得各种空间信息和应用的功能。GIS中的信息主要是需要以图形、图像方式表现的空间数据，用户通过浏览器与服务器间的交互操作，获得各类空间数据。

### 6. 虚拟现实技术

虚拟现实（Virtual Reality）或称虚拟环境（Virtual Environment）是用计算机技术来生成一个逼真的三维视觉、听觉、触觉或嗅觉等感觉世界，让用户可以从自己的视点出发，利用自然的技能和某些设备对这一生成的虚拟世界客体进行浏览和交互考察。

应用虚拟现实技术与GIS结合，将三维地面模型、正射影像和城市街道、建筑物及市政设施的三维立体模型融合在一起，再现城市建筑及街区景观，用户在显示屏上可以很直观地看到生动逼真的城市街道景观，可以进行诸如查询、量测、漫游、飞行浏览等一系列操作，满足数字城市技术由二维GIS向三维虚拟现实的可视化发展需要，为城建规划、社区服务、物业管理、消防安全、旅游交通等提供可视化空间地理信息服务。

### 7. 嵌入式技术

嵌入式地理信息系统（Embedded GIS）是集成GIS功能的嵌入式系统产品，是系统设计与开发层次上的应用，是一个软硬件混合的系统，它是导航、定位、地图查询和空间数据管理的一种理想解决方案，可在很多领域广泛应用，如军事、智能交通、旅游、自然资源调查、环境研究等。

嵌入式GIS是运行在嵌入式设备（掌上电脑、PDA、智能手机）上的，它与台式PC机上运行的GIS不同，嵌入式GIS基础内核要小，功能适用，文件存储量要小。而GIS空间数据包括图形数据、拓扑数据、参数数据以及属性数据等，其数据量非常大，所需存储空间也应很大。所以，针对嵌入式设备的特点并结合GIS应用程序的需求要重新设计GIS平台。

## 8.4　GIS软件的发展趋势

目前GIS软件仍然是Tomlinson型的，基本上只适用于地图处理，由于许多关键技术尚未突破，目前IT领域中许多行之有效的处理机制与实现技术还没有在GIS软件中得到充分体现。随着GIS应用领域的不断拓展，现有的设计思想、体系结构和数据组织已经不适应应用发展的要求。尽管地图长期以来是我们认识空间世界的一种主要且有效的工具，但确实存在着许多固有的缺陷。

GIS为我们提供了全新的管理、使用空间信息的手段，随着人类获取数字化空间数据的手段和能力的不断提高，地图作为空间数据进入GIS系统的主渠道作用将会越来越弱，最终将回归到作为GIS处理、分析结果的表现形式之一。GIS软件没有必要再受到地图这种表现形式的制约。我们需要的不仅仅是将地图存入计算机，而是需要将地球存入计算机，以空间位置为框架集成各类信息。发展新一代GIS软件，其理论和技术必须有一个大的变革，才能适应需要。

未来的GIS软件应该具备支持数字地球的能力，成为操作系统、数据库管理系统之上的主要应用集成平台。GIS软件的发展应该实现由二维处理向多维处理的转变；由面向地图处理向面向客观空间实体及其时空关系处理的转变；由以系统为中心向以数据为中心，实现空间数据共享与服务的转变；由管理型向分析决策型的转变。GIS软件的发展趋势，可大致总结为下述几方面。

**1. 面向空间实体及其时空关系的数据组织与融合**

通过改变GIS软件以图层为基础的组织方式，实现直接面向空间实体的数据组织，实现不同尺度空间数据的互动，实现矢量、影像数据的互动，实现多维属性与嵌套表组织；实现多源空间数据的装载与融合，支持数据仓库机制，具有强大的索引机制。

**2. 统一的海量存储、查询和分析处理**

GIS软件在数据方面支持TB级以上的空间数据存储；实现有效的空间、属性一体化管理、查询机制；具有面向问题的分析、处理手段和工具；实现以空间数据为基础的数据挖掘；具有联机事务处理（OLTP）与联机分析处理（OLAP）能力；支持空间的"关系"概念与"关系运算"。

**3. 有效的分布式空间数据管理和计算**

GIS软件在系统分布式方面能实现多用户同步空间数据操作与处理机制，具有数据、服务代理和多级B/S体系结构，实现异种GIS系统互联与互操作，进行空间数据分布式存储并保证数据安全，能够对空间数据进行高效压缩与解压缩。

## 4. 一定的三维和时序处理能力

GIS软件应该具有海量空间数据的快速还原能力，具有时空数据处理与分析机制，实现混合式三维空间数据模型融合，具有快速广域三维计算和显示能力以及实现与数字城市、数字地球的融合。

## 5. 强大的应用集成能力

GIS软件应该有强大的应用集成能力，有效地实现遥感、地理信息系统、全球定位系统（3S）的集成，具有强大的应用模型支持能力，并且实现有一定实时能力、微型化、嵌入式的GIS与各类设备的集成。

## 6. 灵活的操纵能力和一定的虚拟现实表达

GIS软件应支持多通道用户界面，具有灵活的操控性；通过数据空间化和可视化，实现一定的虚拟现实表达。

# 第9章　GIS维护工程

当一个GIS提交使用后，就投入了GIS维护期。GIS维护工程是指在GIS整个运行过程中，为适应环境和其它因素的各种变化，保证GIS正常工作而采取的一切活动。GIS维护工程的内容包括GIS功能的改进和解决在GIS运行期间发生的一切问题和错误。新技术与新方法的引入、不断地进行教育与培训等是整个GIS生命周期中必不可少的组成部分。

## 9.1　GIS安全与保密

在GIS维护中，除了保障系统的正常运行外，还要考虑数据的安全和整个系统的安全，特别是在网络环境下共享信息时，这个问题显得更为重要。如果没有系统安全性方向的措施，当出现数据外泄或者受到网络"黑客"攻击时，将对整个系统的运行造成破坏。危及系统的安全因素，既有软硬件的可靠程度差、用户误操作及各种自然灾害方面的，也有敌对者采取各种手段窃取和破坏系统正常运行方面的。对于前者，要求可靠性高的软、硬件设备及采取防止系统误操作的措施;对于后者，要针对敌对者的可能行动采取相应措施加以防范。要制定相应的法律、法规、标准和规范，依法惩处罪犯。另外，在技术上应采用物理保护和数据加密相结合的方法。只有有效地贯彻实施上述各种措施，才能确保信息系统的安全可靠。

GIS安全保密涉及的问题很多，本节主要介绍数据的安全和保密分层次相关知识。

### 1. 数据存储加密

GIS中存储有海量数据,在系统维护阶段要着重考虑数据的加密保护。当保密数据以存储方式进行媒体传送时，或者在信息系统内以文件或数据库方式存储时，为了防止信息被泄漏，必须对这类存储数据加以保护。数据存储的加密保护主要包括文件加密保护和数据库的加密保护，对这两种方法的加密对象、原理和方式以及特点比较，见表9-1。

表9-1　数据存储加密的两种方法

| 项目 | 文件加密保护 | 数据库加密保护 |
|---|---|---|
| 加密对象 | 存数在媒体上的文件信息 | 数据库的文件或记录 |

续表

| 项目 | 文件加密保护 | 数据库加密保护 |
|---|---|---|
| 加密原理 | 数据在文件密钥的控制下，使用某种加密算法，进行加密变换后再进行密文存储 | 在操作系统和数据库管理系统支持下，对数据库的文件或记录进行加密保护 |
| 加密方式 | 单主机文件加密方式或多主机文件加密办式；硬件加密或软件加密 | 在库内加入加密模块进行加密，或在库外的软件系统内加密，形成存储模块，再交给 DBMS 进行数据库存储管理 |
| 特点 | 保密性高，可防止非法复制，某些应用程序或文件只需用密码、软件处理和物理方法相结合来加密 | 库内加密在 DBMS 中，库外加密需要设计 DBMS 与操作系统的接口 |

对普通数据记录中密级较高的数据项，可用加密算法对其进行加密后，再与记录中的其他数据进行存储，以免这些数据被泄露。

## 2. 数据存取控制

数据存取控制是对数据存入、取出的方式和权限进行控制，以免数据被非法使用和破坏。它是从计算机处理功能方面对数据提供保护，其控制的内容包括数据存取结果的控制和处理过程的交叉校验。同步检查是实现控制的有效方法，此外还有存取资格检查，存取保护（内、外存）、数据库的存取保护和防止存取信息破坏等。

其中，存取资格审查指为了防非法用户不正当地存取信息，应对用户的存取资格和权限进行检查，只有检查合格的用户才有权进入系统，执行其自身权限范围内的操作，否则系统将拒绝执行。包括用户识别（用户口令、随机数法和问答式询问等）和密钥识别，后者是给每个用户分配一个非锁定的物理密钥，如磁卡。磁卡只有一定数量的密钥，以防止伪造和修改。在计算机中，以存储列表的方法，验证用户的合法身份、个人特征标识，它有多种方法，如用户的手迹、指纹、语音等。计算机系统将个人特征信息数字化后存入系统内，供系统识别用户。用户权限控制，就是确定用户利用系统的等级和范围，它将计算机系统中的程序和功能划分成若干个权限和等级。在数据库系统中，每个用户定义相应的子模式和所包括的数据类型，当用户被赋予不同的权限和等级之后，用户只能在授权的范围内存取利用特定的数据和程序，而存储和利用权限范围以外的操作视为非法，系统拒绝执行。

## 3. 数据传输加密

为确保数据的安全可靠，必须保障在传输过程中数据内容不被透露、避免信息量被分析（破析）、检测出数据流的修改等。这就要采用一定的加密方法和加密算法。

面向线路的链路加密方法和端-端加密方法是两种常用传输数据加密方法，表9-2是这两种方法的比较。

表9-2　两种数据传输加密方法的比较

| 项目 | 链路加密方法 | 端－端加密方法 |
|---|---|---|
| 原理 | 通过单独保护每条通信线路上通过的数据流来提供安全保护，此时不考虑信源和目的地 | 始终保护从源到目的地的每个数据 |
| 优点 | 加密是在每个通信线路上实现的，每个线路都用不同的加密密钥。因此一条线路信息被泄漏，不会损失另一条线路上的信息 | 任何一条线路被破坏都不妨碍数据的保密，实现比较容易和灵活，既以从主机到主机，又可以从终端到终端 |
| 特点 | 只在线路上加密，因此节点处需设有加密的物质保证，否则，破解某节点会暴露通过该节点的所有数据。该加密方法投资比较大 | 端－端加密方法一般超出通信子网的范畴，因此对用户所用的协议有更高的标准化要求 |

#### 4. 加密算法和加密方式

加密算法被定义为从明文到密文的一种变换，加密算法分为两种：一种是常规加密算法，又称对称加密算法；另一种是公开密钥加密算法，又称非对称加密算法。常规加密算法又分为序列加密算法和分组加密算法。

序列密码算法是在一个密钥序列的控制下逐位变换明文数据的一种算法。明文序列和密钥序列结合产生密文序列，密钥序列由密钥序列产生器产生，通常它是非线性序列产生器；而分组密码算法是在密钥的控制下一次变换一个明文分组的密码算法。公开密钥密码属于分组密码的一种，它与通常的分组密码区别在于公开密钥密码把加密和解密的能力分开（所谓不对称性），加密、解密是用一对密钥实现的，这两个密钥规定了一对变换，其中一个变换是另一个变换的逆过程，但又难以由其中的一个推导出另一个。即每个用户都具有一对这样的密钥：一个是用于加密明文的公开密钥，一个是用于解密（由公开密钥加密的）密文的保密密钥。

#### 5. 安全与保密管理

安全与保密管理是系统维护的一个重要内容，要做到系统的安全和保密工作，必须从多方面进行管理，包括设施、制度、应急与备份、网络安全等方面，具体内容见表9-3。

表9-3　安全与保密管理涉及的内容

| | |
|---|---|
| 基础设施 | 防火、防高温、防水、防地震、防静电及防盗等的设备；粉碎机；专用保密机；微机控制专门的密码设备；网络安全运行环境等。要定期检查维护这些设施。 |
| 安全制度 | 门卫和出入管理制度；受控出入口，出入人员登记，禁止永久磁性物质携入；设库管理员管理秘密数据媒体库或文件库，人员审查，禁止对机密数据进行非法操作；技术文档应妥善保存，建立严格的借阅手续。 |
| 应急计划与备份预案 | 安全组织列出影响系统正常工作的各种紧急情况，并制定应急措施；数据备份，重要时系统应考虑设备的冷、热备份。 |
| 网络安全与保密 | 建立安全保护机构；制定安全策略；网络中关键数据库或敏感地区限定用户访问范围；认真检查和确认网络安全防范措施的安全，必要时设立安全防护岗全天候动态监测。 |

# 9.2　GIS文档编写

在GIS工程建设过程中，自始至终贯穿着文档的设计和书写。文档是GIS工程化思想在工程建设中的具体体现，是整个软件的一个有机组成部分，同时它也是系统建设的重要成果和系统维护的重要依据。文档是影响软件可维护性的决定因素。由于长期使用的大型软件系统在使用过程中必然会经受多次修改，所以文档比程序代码更重要。

### 1. 文档设计的意义

GIS文档设计是GIS工程建设中的另一条主线。文档设计与GIS工程开发相辅相成，互为补充，共同构成GIS工程主体。首先，GIS工程开发需要工程化思想的指导和支持，而文档则是这种系统思想的具体体现；另一方面，文档又是GIS工程开发的成果表达形式之一，它为项目间沟通、控制、验收、维护等提供了有力的保证。另外，GIS文档设计又明显有别于GIS工程开发，前者注重的是开发思想的整理、表达以及规范化，而后者则注重于工程的具体实施。值得注意的是，GIS文档在GIS工程开发各个阶段所表现出的作用也是有差异的，在某些阶段，文档可能发挥出较大的指导作用，而在另外某些阶段，文档则可能发挥控制和沟通作用，甚至文档也可以仅仅是一种阶段的记录等等。因此，对文档在GIS工程开发的作用应有针对性地加以讨论。

曾经有这样一个例子，国际标准化组织（ISO）一位负责ISO 9000质量标准的主审官员在对IBM亚太地区一家著名实验室的软件开发质量体系进行初审时，提出了如下3个问题。

1）你们是否用文档定义了你们将要做的一切？

2）你们是否按照文档定义去做你们的工作？

3）这种做法是否有效？

只有通过证实得到3个问题的肯定答案后，ISO才有可能给该实验室授予ISO 9000质量证书。事实上，ISO的反复调查、个别询问都是以文档系统为中心的。

从上面的例子可以看出文档设计和书写的重要性。文档既然在项目工程中如此重要，那么文档的作用究竟表现在哪里呢？从一般性角度来讲，文档的作用可以表现为下列几点。

1）沟通：沟通开发者与用户之间、开发者之间、用户之间的桥梁和纽带；

2）控制：控制项目进展、工作进程、开发逻辑；

3）链接：文档是任意阶段的后续阶段工作的依据；

4）记录：文档可以是某阶段成果的记录、质量记录等；

5）参照：文档可以是数据源标准参照、数据接口标准参照、数据记录标准参照、系统运行和维护参照以及系统验收参照等。

6）辅助：文档可以作为系统运行的辅助帮助、系统维护时的助手等发挥辅助作用。

可以看出，文档所发挥的作用在项目工程中是全方位的，它贯穿于系统的分析、设计、实现、测试、验收、使用、维护过程之中。同时还应看到，文档的作用又是局限性的，项目甲的文档对项目乙的文档可能无太大作用；同一项目中，阶段A与阶段B文档的作用侧重面可能会有很大差异；同一阶段中不同主题的文档既相互影响，又相互独立。因此，考察文档的作用要将其纳在具体的项目背景中，参照系统的特征进行具体分析。

地理信息系统是一个庞大的综合信息系统，建立这样一个系统的工作是一个大的综合性系统工程。一般来讲，完成这样一个工程需要按照"综合信息系统建立方法"，分为多期工程进行，因而具有相对较长的开发周期，每期开发工程都包含一系列的任务，每个大的任务就是一个项目，所以整个GIS工程就是由这样一系列的项目所组成的。GIS牵涉的数据、业务跨部门、跨行业、相关人员众多，参与开发的专家、技术人员可能来自多个单位，分成多个小组协同工作。开发人员与业务部门、开发人员之间的沟通与协调顺利与否，对整个GIS工程的成功至关重要。另外，GIS功能复杂，模型众多，通常采用模块化设计方式。如何从整体性能优化出发，协调模块之间开发逻辑、接口关系以及GIS系统与外部其它系统的数据交换、共享，也是考察某一GIS工程质量的关键。因此，配合GIS工程的开发和实施，必须有一套科学的管理和质量体系，而这些在很大程度上是通过文档反映出来的。

### 2. 一般项目文档

参照GB8566-88，GB8567-88，可以将一般软件项目的生命周期划分为如下几个阶段。

1）可行性研究与计划。

2）需求分析。

3）概要设计。

4）详细设计。

5）实现（编程/单元测试）。

6）功能测试。

7）系统维护。

8）使用与维护。

对应于以上各个生命周期阶段，均有相应的文档作为指导、总结，以及为后续阶段提供思想保证。各阶段应完成的文档如表9-4所示。

根据项目的类型、大小及项目开发的产品，开发过程可以存在差异，要撰写的文档也不尽相同。表9-4提供的仅仅是通用性的项目文档列表。

对应于文档的形式和功用，文档可以划分为多种类型。内部文档是供开发者自己使用或与建设单位沟通使用的文档。这类文档一般在项目建设阶段发挥作用，而在项目完成之后则作为历史档案保持，提供资料查阅和系统更新、补充使用。这类文档不需正式出版。

面向用户文档是提供用户使用的文档。这类文档一般在项目投入使用时发挥作用，它指导用户如何方便、快捷、合理地使用系统以完成各种应用操作或开发。这部分文档作为项目开发的一部分，有一个"目标、计划、设计、初稿、编辑、终稿、测试、出版"的过程。

值得一提的是，随着"图形用户界面（GUI）"思想的普遍推广和接受，联机帮助文档越来越成为大型系统不可缺少的一部分。有的系统甚至将扩充至所有面向用户的文档类型。联机帮助文档虽然是面向用户的文档，但它又有别于前面所提的文档。这类文档作为程序的一部分提供，同时又具备文档的格式，既可以随机激活作为用户的即时帮助信息，又可作为正式出版文档打印输出。联机帮助文档书写格式随软件系统而变化。

表9-4　一般软件项目文档

| 文档名称 | 开发阶段 |
| --- | --- |
| 可行性研究报告<br>项目开发计划书（初稿） | 可行性分析与计划 |
| 项目开发计划书（终稿）<br>软件需求说明书 | 需求分析 |
| 系统设计说明书<br>测试报告 | 系统概要设计 |
| 模块开发卷宗（设计部分）<br>用户手册（初稿） | 系统详细设计 |
| 模块开发卷宗（程序部分）<br>测试方案（功能测试方案） | 编程／单元测试 |
| 测试分析报告（功能）<br>测试计划（系统测试方案） | 功能测试 |
| 用户手册（终稿）<br>测试分析报告（系统部分） | 系统测试 |
| 项目总结报告 | 使用与维护 |

### 3. GIS文档

与一般项目开发不同，GIS工程项目有其自身的特点和要求，这种差异表现在以下几个方面。

#### （1）GIS工程的软、硬件选型

GIS工程建设中，软硬件选型工作十分重要。通常GIS工程投资大，工程周期较长，涉及面广，因此，必须合理地确定软、硬件选型，使得用户的巨额投资得到有益的利益回报，同时也使得系统的构建呈合理的性能/价格比。

#### （2）地理数据库

数据是信息的载体。GIS中涉及的数据不同于常规系统数据，而是具有丰富地理特征

的地理数据集合。这些数据信息量大、来源复杂、原始数据不规范，如何将质量参次不齐的地理数据规范化、数字化进入GIS系统，建立完整的GIS地理数据库是完成GIS系统的主要的也是十分耗时和耗费财力的工作。因此，必须建立完善的质量保证体系使数据的采集和存贮规范化。

（3）开发策略

对于大型软件开发，通常采用生存周期法或原型法。但是，对于大型实用GIS软件的开发，则不宜采用生存周期法。这是因为，首先GIS用户的需求并非是事先能完全了解的，这往往需要很多次的反复过程；其次，GIS工程的开发是多头并进的，模块之间的设计和开发是同时进行的，很难保证开发者之间做到彻底沟通。因此，为了适应GIS用户随时变化的需求宜采用快速原型法，即原型设计与用户需求之间同时反复修改、逼近，直至用户与开发者之间建立起一致的关系；同时，各模块之间也应随时调整，保证整体系统的可靠和高效。这是GIS工程软件开发的特殊要求决定的。

以上三点，仅仅从主要方面介绍了大型GIS工程项目与常规项目之间的差异，针对具体项目工程，这种差异可能还会加大。由于GIS工程建设的特殊性，因此导致了GIS文档设计的特殊要求。一般我们将GIS文档归纳整理为两类，即GIS基础文档和GIS开发文档。

（1）GIS基础文档

为了有效地建立高质量的GB数据库系统，在开发GIS系统的初期阶段，在进行业务分析、数据分析的同时，要组织专家为GIS的建库建立相应的规范，以供开发人员参照，统一执行。这些实施规范或文档规范，称为GIS基础文档。因其服务于GIS工程的前期，因而是GIS工程得以开始建立的前提。

GIS基础文档一般采用国家级规范和标准以便于系统间的兼容和数据共享。但是由于我国GIS的发展十分迅猛，某些相应的国家规范和标准尚未出台，在这种情况下，可以考虑采用地方性行业标准或规定，经专家论证后，作为基础规范文档使用。

分析GIS工程建设的实质和内涵，GIS基础文档包括以下几点。

1）GIS信息分类与编码。

2）地理原始数据预处理规范。

3）地理数据质量规范。

4）地理数据数字化规范。

5）空间数据库建库技术与规范。

6）GIS实体属性标准。

7）GIS数据维护规范。

8）GIS服务与收费标准等等。

（2）GIS开发文档

由于GIS开发策略的特殊性，GIS开发文档也存在特殊性，一般来讲，伴随着"可行性研究报告"的生成，应完成样区系统设计，并提出初步总体设计方案。与此同时，样区实验小组建立、修改、完成样区系统。在与用户交流样区系统的经验和缺陷之后，进一步深化总体需求分析，逐步完善总体设计方案。

伴随着系统的全面实施，还应完成系统的详细设计、测试计划以及善后的各种手册、说明等。

作为系统目标控制下的每一个子项目，则由于其任务的单一性而简化了文档的要求，只需遵循一般文档设计的要求，从"子项目需求分析"入手，完成其各阶段内的独立文档即可。

因此，GIS开发文档包括以下几种。

1）可行性研究报告。

2）项目开发计划书（初稿）。

3）GIS总体需求说明书。

4）项目开发计划书（终稿）。

5）GIS总体设计说明书。

6）GIS总体控制方案。

7）GIS系统测试计划。

8）GIS详细设计书（含网络、模块及子项目等）。

9）GIS系统测试分析报告。

10）项目总结报告。

11）用户手册。

12）系统安装手册。

13）系统管理员手册。

14）系统维护手册。

15）数据维护规程。

16）各种制度、条例汇总。

以上文档中，1）至10）应属内部交换文档，11）至16）为用户文档，供出版查阅。《GIS总体设计说明书》是对GIS总体方案的说明与注解；《GIS详细设计师》内容较为广泛，它包括诸多子项目的文档，内容涵盖"需求说明"直至"子项目测试分析报告"；《系统管理手册》供系统管理员进行整个系统日常管理操作（有特权）使用；《系统维护手册》提供应用系统问题记录/报告程序、问题判别分析提示及应用系统的一些技术细节以供维护人员进行系统维护；《数据维护手册》为数据维护人员对数据的更新、修改提供准则和操作流程。

这里仍着重指出"联机帮助文档"。该文档以程序方式提供操作人员（用户）联机帮助信息，包括操作方法、词条含义、功能简介等等。该电子文档可以从《用户手册》通过适当的程序组织而得，因而兼有程序和文档两种功用。

**4. 文档质量要求**

文档设计在GIS工程建设中有举足轻重的作用，文档作为软件的一部分也应遵守相应的书写要求和规范。开发者一方面在思想上要重视文档的书写，在文档与软件开发之间不可厚此薄彼。另一方面，开发者应严肃对待文档编写工作，撰写人员应具备较高的层次，较好的宏观控制能力，良好的系统分析能力，并应具备丰富的实际开发和设计经验。此外，应教育和引导开发人员及用户尊重文档内容，使文档确实发挥出其应有的作用。

文档书写除应遵守一般科技论文书写准则之外，同时又因为它们作为GIS工程整体的一部分，在自身结构和前后呼应关系上还应遵守下述原则。

1）即时性：所有文档应在相应阶段按时完成，适当的提前逾越有时是可以的（比如用户手册可逐步完成），但滞后的弥补则是不允许的。严禁在项目完成之后补写项目文档，但因中途需求或设计更改而引起的文档修改不受此限制。

2）一致性：文档应在总体控制之下完成。对于大型GIS工程而言，《GIS总体方案》是所有文档的基本指导书，所有文档的内容均不得违背总体方案的框架。为保证文档的连续性，后一阶段的文档的内容不能与前面阶段文档内容相冲突。

3）完整性：文档首先应保证逻辑上的严谨和完整。GIS工程建设是系统工程中的一个具体应用，文档书写应体现系统工程的思想。其次，文档也应反映工程开发项目在技术上的完整，不应出现疏漏或失误。

4）可读性：不同文档的书写，应考虑到其读者群的素质和层次。内部交换文档的书写可以采用较为专业的词汇和专业化的表达，而面向用户的文档则易采用大众化的写法，力求通俗易懂。联机帮助文档则要发挥电子文档的优势，在功能交互查询、词条交互检索以及使用例证上系统化、逻辑化，充分发挥其作用。

5）规范性：文档的书写应规范化。尤其是同一主题不同内容的文档（如模块设计说明），应提交格式一致的文档。

特别需要说明的是用户文档主要描述系统功能和使用方法，并不关心这些功能是怎样实现的。用户手册是用户了解系统的第一步，它的编写也是GIS工程中的一项重要任务，用户手册应该提供详细的按步骤操作软件的说明、解释可能遇到的错误信息的含义及错误原因、遇到特殊情况的处理方法、解释使用过程中可能遇到的各种技术术语。另外还应特别注意：用户不一定是计算机专家。用户手册编写人员应该牢牢记住这一点，我们的大多数用户都不是学计算机的，手册中应该尽量不使用较深奥的计算机术语。如果不可避免，我们应该给予适当的解释和说明。另外，不要以为我们的用户什么都懂，所以在编写用户手册的时候，应该详细地描述操作过程中的每一步。

以上给出了GIS文档的内容和质量要求。在实际操作中，GIS文档名称可以有所变化或根据具体要求作某些形式的合并与分解，但不应违背总的原则。

## 9.3　数据库维护

### 1. 数据库维护的意义

数据对GIS的重要性，已越来越为人们所认识。GIS数据的现势性是衡量其使用价值的重要标志之一，数据更新是GIS活力的源泉之一。随着GIS应用深入，数据成为制约GIS发展的瓶颈，因此，迫切要求数据获取手段和数据更新手段不断得到完善。在系统的实施中，数据建设的投资占很大的比例。数据如果不经常性更新，GIS就有可能失去其应用价值。所以对于每个GIS，应根据数据库的规模和实际需求，建立数据库维护与更新机制，规定数据库数据维护与更新周期，以保持数据库数据的现势性。

通常来说，GIS中存储的信息只是现实世界的一个静态模型。虽然不同的地理信息的现势性要求不同，但是地理信息及时更新，保证数据的现势性几乎是所有的GIS所要求的。首先，作为静态模型，只有在存储大量有关数据的基础上，通过不断的数据积累和更新，才能具备反映自然历史过程和人为影响趋势的能力，揭示事物发展的内在规律。其次，保持地理数据的动态性和现势性是GIS有效利用前提，GIS是综合分析和处理空间数据与属性数据的有力工具，一旦投入运行，数据更新问题就显得非常重要。

GIS中的数据随着应用规模的日益扩大而迅速变化，不但基础地理信息，而且其他所有专题信息均需要经常地进行维护和更新。应根据系统的规模和实际需求，建立系统的数据维护更新机制，规定系统数据维护更新的周期，使系统的所有数据均相对地始终处于最新的状态。

数据库的维护首先是GIS数据的维护，主要表现在GIS数据正确性、一致性和完整性的监察以及GIS数据现势性的保证等。其中GIS数据正确性主要体现测量值与真值的对应性以及误差在规定的精度范围内。一致性体现在同一现象或同类现象表达的一致程度，如同一条河流在规划图和现状图上形状不同，或是行政边界在不同的专题图层中不重合等都是地理数据一致性差的表现。完整性指的是同一准确度和精度的地理数据在特定空间范围内是否完整的程度，完整性差通常表现为缺少数据。对于地理信息的正确性、一致性和完整性的维护主要与数据源、数据采集手段、数据的存储格式等相关联。地理信息的现势性指数据反映客观现象目前状况的程度，不同的地理信息的现势性要求是不同的。例如DEM现势性要求不高，因为地形相对来说变化缓慢，短时间内不会有较大变化；而城市基础地理要素的现势性要求较高，因为城市的建设日新月异，如果长时间不更新，基础地理要素现状将与实际情况脱节，失去价值。

数据库维护就是数据的维护与更新，它包括数据的更新采集与数据库更新两个内容。数据库维护关系到GIS的可持续发展，为此，必须切实建立GIS数据更新机制，从现势资料收集、数据源的获取、更新周期、更新方法、负责更新工作的机构人员和经费等方面落到实处。

### 2. 数据更新采集的方法

在空间数据库维护中，涉及更新的需要掌握的主要情况包括：①现有数据库中数据的种类、模型、格式、结构等；②现有数据现势情况及更新需求；③现势信息来源与现势数据情况（种类、周期、格式等）。技术问题主要包括：①确定变化信息的方法；②变化信息数据的采集方法；③变化数据与原数据集成与融合的方法；④历史数据组织管理方法。

在数据更新之前要确定数据更新的目标和任务，包括更新范围或区域、更新内容（是基础地理数据或专题数据）、更新周期（逐年更新、定期全面更新、动态实时更新）。当然，数据更新的精度不宜低于原数据的精度。

数据更新采集技术基本上和数据采集相同，也可以不与原始数据的采集技术相同而采用其它的采集技术，只要数据能满足要求即可。由于遥感影像具有现势性强的特点，GPS具有操作便捷的特点，目前广泛采用遥感技术和GPS技术进行数据更新采集。

根据空间数据更新的要求和情况，必须探讨设计一种有效的数据更新方法，减少数据更新的工作量，降低空间数据存储的冗余度。

### 3. 数据库维护的方法

在GIS的实际应用中进行空间数据的更新很少采用对整个数据库更新的方法，而更多的是进行局部的几何数据或属性数据的更新。但是，随着GIS应用要求的提高，越来越多的GIS要求数据更新要考虑历史数据问题，将被更新的数据存入历史数据库，以便可追溯到某一时段的历史数据，进行时空序列分析等，为决策管理和研究服务。尤其是在地籍信息系统中，历史数据还是地籍纠纷的法律依据之一。

因此，空间数据库的更新不是简单地删除和替换，在更新的同时要记录历史数据信息。空间数据更新的实质是空间实体状态改变的过程，即实现由现实世界中的现状地理实体转变为数据库中的现状实体及由数据库现状实体转变为数据库历史实体几个状态的转变。

现在介绍常用的3种数据更新模型。

1）连续快照模型。该模型用一系列状态对应的空间数据库来反映地理实体或现象的时空演化过程。连续快照就像照相一样，仅代表地理现象的状态，而缺乏对现象所包含的对象变化的明确表现，因此它不能确定地理现象所包含的对象在时间上的拓扑联系。由于连续快照是对状态数据的完整存储，易于实现，但数据冗余度很大。

2）底图修改模型。该模型首先确定数据的初始状态，然后仅记录时间片段后发生变化的区域，通过叠加操作来建立现时的状态数据，其中，每一次叠加则表示状态的一次变化。

3）时空合成模型。该模型是在底图修改模型的基础上发展起来的，其中心思想是将每一次独立的叠加操作转换为一次性的合成叠加。这样，变化的积累形成最小变化单元，由这些变化单元构成的图形文件和记录变化历史的属性文件联系在一起，则可较完整地表达数据的时空特征。

在属性数据更新上，除了记录属性变化外，还要在表中添加一列"时间信息"，它表示了属性数据的生存期。

## 9.4 软硬件维护

软件维护是软件生存周期中时间最长的阶段。已交付的软件投入正式使用后，便进入软件维护阶段，它可以持续数年甚至数10年。软件运行过程中可能由于各方面的原因，需要对其进行修改。其原因可能是运行中发现了软件隐含的错误而需要修改，也可能是为了适应变化了的软件工作环境而需要做适当变更；也可能是因为用户业务发生变化而需要扩充和增强软件的功能等。

同样也应建立系统硬件设备的日常维护制度，根据设备的使用说明书进行及时的维护，以保证设备完好和系统的正常运行。但当设备的处理能力达不到要求，或者设备本身已经过时、淘汰，或者设备损坏，买不到零配件，或者不值得修理时，应考虑硬件更新。

为了有效地进行软硬件维护，还需要建立软件维护的组织机构等活动。本节重点介绍GIS的软件维护。

### 1. 软件维护的分类

软件维护有改正性维护、适应性维护、完善性维护和预防性维护等4类。

#### （1）改正性维护（Corrective maintenance）

在软件交付使用后，由于开发时测试的不彻底、不完全，必然会有一部分隐藏的错误被带到运行阶段来。这些隐藏下来的错误在某些特定的使用环境下就会暴露。为了识别和纠正软件错误、改正软件性能上的缺陷、排除实施中的误使用，应当进行的诊断和改正错误的过程，就叫作改正性维护。例如，改正性错误可以使改正原来程序中未使开关（off/on）复原的错误；解决开发时未能测试各种可能情况带来的问题；解决原来程序中遗漏处理文件中最后一个记录的问题等。

#### （2）适应性维护（Adaptive maintenance）

随着计算机的飞速发展，外部环境（新的硬、软件配置）或数据环境（数据库、数据格式、数据输入/输出方式、数据存储介质）可能发生变化，为了使软件适应这种变化，而去修改软件的过程就叫作适应性维护。例如，适应性维护可以是为现有的某个应用问题实现一个数据库；对某个指定的事务编码进行修改，增加字符个数；调整两个程序，使它们可以使用相同的记录结构；修改程序，使其适用于另外一种终端。

**（3）完善性维护（Perfective maintenance）**

在软件的使用过程中，用户往往会对软件提出新的功能与性能要求。为了满足这些要求，需要修改或再开发软件，以扩充软件功能、增强软件性能、改进加工效率、提高软件的可维护性，这种情况下进行的维护活动叫作完善性维护。例如，完善性维护可能是修改一个计算工资的程序，使其增加新的扣除项目；缩短系统的应答时间，使其达到特定的要求；把现有程序的终端对话方式加以改造，使其具有方便用户使用的界面；改进图形输出；增加联机求助（Help）功能；为软件的运行增加监控设施。

在维护阶段的最初一两年，改正性维护的工作量较大。随着错误发现率急剧降低，并趋于稳定，就进入了正常使用期。然而，由于改造的要求，适应性维护和完善性维护的工作量逐步增加，在这种维护过程中又会引入新的错误，从而加重了维护的工作量。实践表明，在几种维护活动中，完善性维护所占的比重最大，即大部分维护工作是改变和加强软件，而不是纠错。所以，维护并不一定是救火式的紧急维修，而可以是有计划、有预谋的一种再开发活动。事实证明，来自用户要求扩充、加强软件功能、性能的维护活动约占整个维护工作的50%。

**（4）预防性维护（Preventive maintenance）**

除了以上3类维护之外，还有一种维护活动，叫作预防性维护。这是为了提高软件的可维护性、可靠性，为以后进一步改进软件打下良好的基础。通常，预防性维护定义为："把今天的方法学用于昨天的系统以满足明天的需要"。也就是说，采用先进的软件工程方法对需要维护的软件或软件中的某一部分（重新）进行设计、编制和测试。

在整个软件维护阶段所花费的全部工作量中，预防性维护只占很小的比例，而完善性维护占了几乎一半的工作量（见图9-1）。从图9-2中可以看到，软件维护活动所花费的工

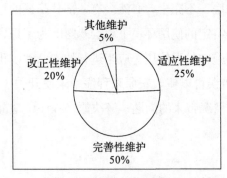

图9-1　三类维护占总维护比例　　　　图9-2　维护在软件生存期所占比例

作占整个生存期工作量的70%以上，这是由于在漫长的软件运行过程中需要不断对软件进行修改，以改正新发现的错误、适应新的环境和用户新的要求，这些修改需要花费很多精力和时间，而且有时修改不正确，还会引入新的错误。同时，软件维护技术不像开发技术那样成熟、规范化，自然消耗工作量比较多。

### 2. 软件维护的方法

软件的开发过程对软件的维护有较大的影响。若不采用软件工程的方法开发软件，则软件只有程序而无文档，维护工作非常困难，这是一种非结构化的维护。若采用软件工程的方法开发软件，则各个阶段都有相应的文档，容易进行维护工作，这是一种结构化的维护。

非结构化维护活动只能从阅读、理解和分析源程序开始。这样做难以搞清系统功能、软件结构、数据结构等问题，常常造成误解。同时由于没有测试文档，也不可能进行回归测试，很难保证程序的正确性。这种软件维护方法仅在软件工程时代之前采用。

在进行结构化维护活动时，需从评价需求说明开始，搞清楚软件功能、性能上的改变；对设计说明文档进行评价，并进行修改和复查；根据设计的修改，进行程序的变动；根据测试文档中的测试用例进行回归测试；最后，把修改后的软件再次交付使用。这对于减少精力、减少花费和提高软件维护效率有很大的作用。

# 第10章 GIS工程管理

## 10.1 GIS工程管理概述

**1. 工程管理的概念**

工程或项目管理通常是在一定的时间和资金约束条件下，使用有限的人力、物力和财力，采用合理、新颖的方法，通过努力完成一个独特的、唯一的任务，达到一定的目标。目标、质量、时间、费用和组织是项目的五大基本要素。多年的研究与实践表明，工程管理具有以下特征。

1) 普遍性：项目作为一种创新活动普遍存在于人类的社会生产活动中。

2) 目的性：一切项目管理活动都是有目的、有目标的。

3) 独特性：不同于一般的生产服务运营管理，也不同于常规的行政管理，它有自己独特的管理体系、方法和技术。

4) 集成性：项目管理的集成性是指项目管理的对象、资源、人员和方法等都要围绕项目的总体目标的实现来进行集成和整合。

5) 创新性：一是指项目管理是对于创新的管理，二是指任何一个项目的管理都没有一成不变的模式和方法可供参考。

工程管理就是指把各种系统、方法、工具和人员结合在一起，在规定的时间、预算、质量和5项管理功能：计划、组织、实施、控制和领导。

与一般工程一样，GIS工程管理的范围覆盖了整个的工程过程，在工程开始之前，管理工作就已经开始了。高层管理人员必须对项目的工作范围、可能遇到的风险、需要的各种资源、要实现的任务、工作量和成本以及进度的安排等做好计划。

GIS工程技术包括GIS工程规划、设计、实施、评价与维护技术，还包括工程的需求控制、质量控制、进度控制、风险控制等管理技术。另外，GIS数据生产的管理与质量控制体系也是GIS工程的重要组成部分。保证一个GIS工程的成功还涉及人员组织技术与成本控制技术，在一定的资金条件下最大限度的满足用户的需要，实现社会效益的同时，还能实现经济效益，也是GIS工程管理的重要任务。

具体地讲，GIS工程管理包括经费管理、条件保证、运行管理、计划实施、实施方案说明、组织协调等的规定。

## 2. GIS工程管理框架

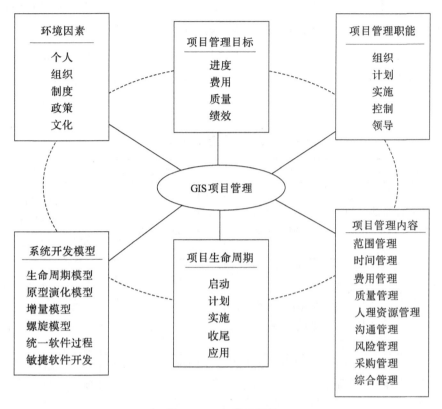

图10-1　GIS管理框架

如图10-1所示，对于这个管理框架，需要注意以下几点：①项目管理框架中各个要素相关联，不是无关的、独立的；②项目管理工作往往是按照不同的项目阶段，对上述要素进行综合；③管理功能、目标与内容贯彻在整个项目周期，但在不同的周期，有不同的侧重点；④系统开发方法和管理工作要相互协调、相互配合；⑤根据组织管理、系统开发的特点，改善项目环境，保障项目顺利实施。

对于这个理论框架，不同的项目参与者关注重点有所不同。站在系统分析员（或者系统分析员）的角度，首要问题是如何选择最适宜的软件开发方法，完成项目的预期目标和达到设计的质量要求；站在项目经理、用户的角度，首要问题是如何划分项目阶段，关注每一个阶段的工作重点和成果是什么；而对于研究人员，所关心的问题是如何总结GIS开发与管理的理论、方法和经验，为业界提供相关的基础知识。

## 3. GIS工程建设阶段

GIS工程的特点是投资大、周期长、风险大、涉及部门繁多。因此，在GIS工程管理中，要做好项目计划管理需要做到以下两点。

1）制定系统的建设进度安排，保证系统建设的高效性。

2）建立系统建设的组织机构和进行人员协调。

根据现有的资料和技术状况以及以上的系统分析结果，制定整个工程的实施方案，包括整个工程如何分块和分阶段施工，各块、各阶段如何有机地结合，以及各块、各阶段应投入多少人力和物力等。通常将一个地理信息工程分为系统开发和数据采集两大部分，这两部分需要的资料、技术、人力和物力都不相同，两者之间如何衔接以及有机地结合起来，需要精心安排，见表10-1。

**表10-1　GIS工程建设阶段及过程**

| 阶段 | 工程内容 | 用户 | 管理人员 | 工程人员 |
|---|---|---|---|---|
| GIS 工程调研 | GIS 工程的启动 | （1）了解 GIS 技术<br>（2）研究项目建议 | （1）选拔项目推销人员<br>（2）批准 GIS 工程立项报告 | （1）收集和研究资料<br>（2）编写 GIS 工程立项报告 |
| | 用户调查与需求分析 | （1）提出所要解决的问题<br>（2）指出所需要的功能<br>（3）提供各种资料和数据 | （1）批准开始研究设计<br>（2）组织工程人员<br>（3）进行必要培训 | （1）吸取用户需求<br>（2）详细调查现行系统<br>（3）搜集资料和数据 |
| GIS 工程设计 | 工程总体设计 | （1）讨论总体设计的合理性<br>（2）估算工程总造价和工期 | （1）鼓励用户参加设计<br>（2）要求技术人员多听取用户意见 | （1）说明工程项目的目标、内容和工期<br>（2）帮助用户估算工程总造价和工期 |
| | GIS 软件设计 | （1）讨论软件功能的实用性<br>（2）对软件功能发表看法 | （1）听取用户对系统设计的反应<br>（2）批准转入系统实施 | （1）软件设计<br>（2）功能设计<br>（3）数据库设计<br>（4）用户界面设计<br>（5）输入、输出设计 |
| GIS 工程实施 | 软件开发 | 随时准备回答一些具体的业务问题 | 监督编程进度 | 代码设计、编程和调试 |
| | 信息调查 | （1）提供已有信息资料<br>（2）协调关系 | （1）提供调查方案<br>（2）质量检查<br>（3）监督进度 | （1）外业调查<br>（2）内业处理<br>（3）资料整理 |
| | 底图制作 | （1）提供已有地图<br>（2）购买最新的地图 | （1）提供制作方案<br>（2）质量检查<br>（3）监督进度 | （1）外业测绘<br>（2）内业数字化<br>（3）编辑处理 |
| | 系统建库 | 评价系统的总调 | （1）监督建库的进度<br>（2）协调用户与工程人员的不同意见 | （1）数据预处理<br>（2）属性库编辑<br>（3）空间数据入库<br>（4）数据检验 |

续表

| 阶段 | 工程内容 | 用户 | 管理人员 | 工程人员 |
|------|---------|------|---------|---------|
| GIS 工程维护 | 软件维护 | （1）按系统的要求定期输入数据<br>（2）使用系统的输出<br>（3）提出修改和扩充意见 | （1）监督用户严格执行操作规程<br>（2）批准适应性和完善性维护<br>（3）批准对系统的全面评价 | （1）按系统要求进行数据处理工作<br>（2）积极稳妥地进行维护 |
| | 数据更新 | 按系统的要求定期输入更新后的数据 | 制订数据更新方案 | 实施数据更新的信息采集和底图制作工作 |

#### 4. GIS工程标准

GIS工程的设计是一项复杂的工程，由于系统的复杂性，数据库建立和软件研制时间长、成本高、错误多，容易产生所谓"软件危机"，如软件不能移植、难以修改升级等问题。软件工程即采用工程性规范管理方法来研制软件，进行GIS的设计开发，以保证系统的功能标准和质量指标。为实现与后继系统、其他系统的兼容与信息共享，GIS的设计实施必须考虑工程技术标准化，对规范化、标准化原则予以高速重视。

**（1）数据规范化和标准化**

数据信息的规范化和标准化是数据流调查分析的依据和建立地理信息系统逻辑模型的基础，根据系统的信息需求确定数据源，按照数据不同来源，研究其数量、质量、精度和时间特征以及与数据规范化和标准化基本要求相吻合的程度，确定数据处理的内容、范围和方法。数据规范化和标准化研究的内容包括空间定位框架、数据分类标准、数据编码系统、数据字典、文件命名规范、汉字符号标准、数据记录格式等。

**（2）文档标准**

文档标准包括可行性分析报告、总体设计方案、数据规范化、标准化技术方案、用户需求分析报告、系统详细设计说明、用户使用手册、数据库作业规程技术规定、验收标准、系统安装手册、程序开发日志等。

**（3）软件标准**

包括用户界面、数据结构、数据模型、数据库建立管理、数据显示和产品生成、系统接口设计、程序设计规范等内容。程序编制要做到标准化和通用化，对所编制的程序要按照统一的格式编写程序说明，其内容为：程序名称、程序功能、程序设计的算法、程序使用的方法、需要的存储空间、设备和操作系统、程序设计语言、程序使用的数据文件、源程序的语句数、程序设计人和单位、其他有关说明等。

**（4）系统运行标准**

包括系统效率、系统利用率、操作的方便性、灵活性、安全保密性、数据的准确性、可靠性、扩充性、可维护性。

　　我国还没有可以遵循的GIS工程建设规范。实际上，从项目的规划、招投标方案制定，到需求调查分析、系统总体设计、详细设计及实施方案的制定、计划的控制到工程的验收与维护，都需要制定具体的规范，用以指导系统建设。GIS规范一般包括GIS工程的设计规范、系统开发规范、系统维护规范、数据采集规范、文档管理规范、工程招投标规范、GIS工程监理管理规范等。

# 10.2　GIS工程的组织管理

　　GIS工程建设，除去具有重大的工作量外，在技术上也是非常复杂的。尽管在实际工程建设中可以引入系统工程和软件工程的思想，发展适于GIS工程专用的建设方法，然而在实际建设过程中仍会出现计划的前后不一致，经费和人员不能实时落实到位，开发过程过分复杂等一系列问题，因此，进行科学的组织管理工作，做到技术落实、组织落实和费用落实仍是GIS工程建设中一项非常重要的、不容忽视的工作。

## 1. GIS建设中的领导管理

　　GIS工程建设耗时长、成本高、设计部门多，必须加强组织领导工作，在整个系统的建设中应成立专门的领导小组，由用户单位的最高层领导担任组长，进行GIS建设中的人员组织、任务分配、组织实施计划编制、检查工作的进度和质量，保证经费落实，人员到位，处理系统建设中出现的一切重大问题，协调各开发单位及各部门的关系等工作。

　　由于一个大型的GIS往往由多家开发单位共同建设，使用数据涉及部门多，开发步骤相互依赖性强，又经常会出现前后矛盾，因此，通过领导进行各子系统间、各部门间、建设进程间的协调是不可忽视的一个方面。

　　GIS项目管理人员应具备以下几项基本技能。

　　1）项目特征与风险分析，即根据项目基本特征与风险程度，确定项目管理的基本框架和管理要点。过度强调管理，虽能提高质量地完成项目，但是可能延长项目实施周期，并且增加项目开支，从而降低了项目的收益。所以要求管理人员在能控制项目风险的前提下，尽量简化项目管理基本框架和管理要点。

　　2）项目任务分解，即将GIS项目任务分解为若干层次的子任务，为进度计划、费用估算、资源分配和项目实施奠定基础。项目任务分解的质量取决于对项目范围、定位、技术等方面的全面理解和把握，特别是关于GIS、软件体系、计算机硬件和网络等知识。

　　3）组建和管理项目团队，即根据项目决策、管理、实施等具体工作的需求，成立若干项目组，赋予每个成员相应的角色和责任，最终能使团队高效地完成任务。

　　4）项目计划，即在明确项目范围、费用、进度、质量等目标的基础上，结合项目任务分解，制定每一个项目任务的时间安排、资源分配、成果标准等，并为任务实施提供相应的范围、进度、费用、质量、人力资源、沟通、风险、采购等管理计划。

5）采购管理，即利用外部资源，通过产品采购、方案征集、顾问服务、项目招投标、技术外包等方式，以最佳的性能价格比，满足项目需求。

### 2. GIS工程招投标

#### （1）工程招标

工程招标就是根据工程项目建设的目的，对施工单位提出的工期、技术、质量和数量等方面的要求。工程招标书通常以技术规范书的形式出现，包括下面几个部分的内容：①总则：阐述对投标方或卖方的总体要求，例如技术规范和法律责任等方面的要求，以及对投标应答书的具体要求。②具体的技术要求：阐述对工程的具体技术、质量和数量等的要求。③报价要求：阐述对工程各部分及各阶段的报价要求。④工程实施及其它：阐述对工程组织、进度和售后服务、技术培训等的要求。

#### （2）工程投标

工程投标就是根据招标方或甲方对工程的期限、技术、质量和数量等的要求，陈述自己对上述要求的回答。它通常包括下面4个部分的内容：①投标承诺书；②技术应答书；③资质证明文件；④商务应答书。

### 3. GIS工程部组织机构与人员分配

GIS的建设除高层的领导小组外，还应组织GIS工程部，它是具体承担GIS工程建设的机构，是由承建方负责筹建的。GIS工程部一般由4个分支机构组成：GIS专家顾问组、软件设计开发组、数据采集建库组、后勤保障组。

按系统的规模设计技术小组，负责开发建设中的各种技术问题，设置各种开发工作组，承担GIS的具体开发建设工作。在整个组织机构中，最底层的各开发工作组人力最多，应涉及有关计算机硬软件人员、测绘人员、用户单位业务人员、信息系统人员等各类专业人员，而且在各个开发阶段需要的人力并不相同，具有一定的流动性。

GIS数据工程项目的建设过程中，涉及到的具体工作人员包括系统开发人员、数据的录入和处理人员、开发支持人员、领域专家、用户和其他支持人员。需要注意的是应按具体GIS的建设情况做出合理的分配。

GIS专家顾问组：在GIS项目启动前，用户通常不能很明确的、完整详细的描述需求，所以需要在项目进行的过程中多沟通，然后逐渐实现预期的效果。GIS是新型信息技术、常常与其他技术集成，GIS产品还处于不断创新，完善和标准化过程中。许多GIS项目有很强的专业要求，需要领域专家参与开发过程，以便将他们的理论、经验在计算机系统中加以实现。

系统设计开发组：在项目开发过程中，按照项目的具体技术内容分为几个技术专题，每个专题对应一个或多个开发人员。一般都按照技术专题对人员进行分组，每一组完成该专题的需求分析、设计和实现工作。

开发支持人员保证整个开发过程的顺利进行，其工作包括开发工具的维护、网络管理等，如果项目规模较大，需要配置管理人员保证协作开发，从而不至于引起混乱。

数据采集建库组：数据录入和处理没有特殊的技术要求，一般的工作人员经过简单的培训即可胜任。

数据录入和处理是GIS的一项非常重要的工作，也是一件相当单调而且令人厌烦的工作，需要工作人员认真负责，同时还要采取适当的激励手段以保证工作顺利进行；

在数据录入和处理过程中，需要专门的技术人员进行质量检查，避免数据精度不能满足最终项目的要求；如果等待软件开发完成后再进行数据录入，可能会造成工期延误，因此可以考虑先采用其他软件进行数据录入和处理，然后再进行数据转换。

工程后勤保障组：包括财务人员、文档管理人员等，他们对于项目的正常运行也起重要的作用。

用户：GIS用户虽然不直接参与开发过程，但是他们是系统的最终使用者。在开发系统之前，需要从用户那里获得需求，从用户那里获得需求分析文档；在开发过程中，不断与用户进行沟通，完成的原型系统一般需要由用户进行评估，以达到用户的要求。因此将GIS最终用户看作是工作队伍中的重要组成部分是大有裨益的，他们影响了GIS的使用及设计过程。

一般地说，计划与分析阶段只需用很少的人，总体设计参加的人略多一些，详细设计的人又多一些，到了开发与测试阶段，参加的人数达到最高峰。在运行初期，需要较多的人参加维护，但很快又会减少下来。所有参加开发人员都应该接受GIS基本原理和系统概况的基本培训。

## 10.3　GIS工程的业务管理

### 1. 工程立项的管理

GIS工程管理是从GIS工程立项开始的。项目启动过程也是项目组组成和达成共识的过程。项目组可能经历4个阶段：组成、冲突、规则和执行。组成阶段是组织挑选或聘请员工组成项目组；项目组组成后，一般会经历一段时间的冲突，各成员在不少领域具有不同的认识和见解，有不少互不相让的争论存在；经过充分的交流、磋商和妥协，项目组成员达成了一定程度的共识，制定了共同认可的项目实施准则，这时项目组的效率与成效将大幅度提高；在执行阶段，项目组的效率达到最高，一直维持到项目结束。当然，这是一个理想化的过程，项目组达成共识不是一帆风顺的，项目组成员的变动有时也会大大影响项目组的运作。项目经理要在项目组中起到领导作用，应付各种情况，使项目组的效率保持在较高水平上。

在项目生命周期的不同阶段，对于项目费用和项目估算的精度要求各不相同。一般来说，项目实施阶段花费最多，软硬件的采购、数据开发、应用开发需要花费大量的资源。项目建议阶段需要少量的资源，主要的开支是参观、会议的差旅费和聘请顾问的费用。系统设计和实施规划阶段需要一定的投入，这个阶段需要项目经理、系统分析员等项目组成员进行大量的工作，也要求用户团体广泛参与。如果组织内部的项目或技术经验不充足时，需要将有关任务外包给顾问公司。如果项目设计和实施非常顺利，收尾阶段的工作也相当简单，投入的工作量会比较少；但经验表明，不少GIS项目的交接和收尾工作往往并不顺利，系统分析和设计阶段的缺陷在此时比较充分地暴露出来。

项目能否成功启动，启动后能否顺利实施，是对项目团队和项目经理管理技能的考验。在GIS技术驱动应用时期，人们往往认为GIS技术专家是最称职的项目经理。这种观点已经过时，因为现在的GIS技术环境和应用环境与以前已经大不一样了。项目管理经验表明，项目经理最需要的是沟通技能、组织技能和团队建设技能，其次是领导技能、处事技巧和技术技能。做好一个沟通者是项目经理必须具备的一项关键技巧，作为项目经理要能够倾听，接受别人的见解和建议，他也要具有推销自己观点、说服别人的能力。组织技能包括目标设定、计划制定、系统分析能力，在复杂的任务环境中思路清晰，能够确定工作的优先级和执行顺序，保证项目的方向不会偏离轨道。而团队技能是发挥团队的知识和力量，解决面临的种种问题，聪明的经理往往依靠下属解决系列问题。如果不依赖团队，即使自己的埋头苦干、兢兢业业，未必能够将项目管理好。

在项目启动阶段早期的工作中，项目组人员要通过开研讨会，做阶段总结并且申请外援帮助，来与多方合作人员形成共同的构想、理念或使命，明确项目的背景、目的和目标，获得对于项目计划的认可，定义工作范围、项目组织以及进度、费用和质量方面的限制和目标，让项目正常运转起来。

### 2. 工程管理规划

在GIS启动与规划过程中，项目经理与项目管理团队要详细地定义GIS项目的目标、范围、任务，并对项目阶段和项目任务进行划分，明确每一个阶段的工作计划、工作重点与阶段成果。在实施过程中，贯彻项目管理的基本目标，进行费用管理、进度管理、质量控制等，并做好工作协调与风险控制工作。

GIS项目战略规划完成之后，将进行系统设计与实施计划、项目实施与进度控制，最后是项目交接与收尾工作。在项目的不同阶段，管理目标和工作重点各不相同，但各个阶段往往承前启后，前一个阶段为后续阶段奠定基础，同时要总结、回顾、对照前期指定的目标和计划。对于外包型项目，项目管理的重点在开始阶段和收尾阶段。

在规划阶段，为了完成实施计划书，从决策性规划转为实施性计划，当GIS项目很大时，可以把一个大的GIS项目分解为子项目，子项目可以进一步分解成子任务，子任务的合理制定使得各方面的细节不至于遗漏，使整个计划、预算和质量得到保证。子项目包括技术任务和各种非技术的任务。然后，对每一个子项目进行一系列的规划。

　　子项目的确定是整个GIS系统设计过程中最重要的环节之一，子任务的合理制定使得各方面的细节不至于遗漏，使整个计划、预算和质量得到保证。子项目不仅要包括技术任务，而且要包括各种非技术的任务，包括管理、支持等。划分子项目时，可以按照整个项目、项目、任务、子任务、具体工作、步骤等6个层次，进行自顶向下地划分。表10-2列出了常用的GIS项目任务。

**表10-2　常用的GIS项目任务**

| 项目规划 | GIS 分析 |
|---|---|
| 1. 可行性分析 | 1. 分析模型定义 |
| 2. 市场调查 | 2. 分析模型的过程设计 |
| 3. 技术调查和评价 | 3. 分析模型实施 |
| 4. 起草报告 | 4. 分析制图 |
| 试点项目 | 5. 分析制表 |
| 1. 数据收集 | 6. 分析自动化编程 |
| 2. 数据数字化 | 7. 分析报告生成 |
| 3. 数据转换 | 应用系统开发 |
| 4. 数据质量控制 | 1. 系统的用户需求分析 |
| 5. 制图 | 2. 系统的设计 |
| 6. 设备购买 | 3. 系统设计报告起草 |
| 7. 设备安装 | 4. 系统编程 |
| 数据库生成 | 5. 系统测试 |
| 1. 数据库概念设计 | 6. 系统运行报告和安装 |
| 2. 数据库详细设计 | 7. 系统培训 |
| 3. 数据收集 | 8. 系统的用户报告 |
| 4. 数据数字化 | 9. 系统维护报告 |
| 5. 数据转换 | 10. 系统维护的技术服务 |
| 6. 数据编辑 | 其他 |
| 7. 数据质量控制 | 1. 人员技术培训 |
| 8. 数据修改 | 2. 项目管理 |
| 9. 自动化编程 | 3. 系统维护 |
| 数据输出 | 4. 数据安全备案 |
| 1. 制图 | 5. 项目技术会议 |
| 2. 数据制表 | 6. 项目中期报告 |
| 3. 自动化编程 | 7. 项目终期报告 |

**3. 文档管理**

　　文档是指某种数据媒体和其中所记录的数据，可以分为工作表格和技术资料（或称文档、文件），每种文档与生存期的不同阶段有联系。

在GIS的建设中，将会形成一系列的文档资料，包括可行性研究报告、用户需求分析、系统总体设计说明书、系统详细设计说明书、数字化设计方案、用户手册、操作手册、测试报告、系统评价说明书等，它们作为整个GIS的组成部分，是进行系统维护的重要依据，应制定相应的文档编制规范，确保文档资料的质量，并进行质量验收，对已编制好的文档资料要妥善管理，见表10-3。

系统文档的编写，在内容和形式上可根据GIS规模的大小和实际要求有所侧重和选择。文档管理指对于系统程序、文档和数据的各种版本所进行的管理，保证资料的一致性和完整性。为方便对多种产品和多种版本进行跟踪和控制，亦可借助于自动的版本管理工具，例如版本控制库（Version Control Library）、配置管理数据库等。文档编制过程应当遵循的原则是：针对性、精确性、清晰性、完整性和灵活性。

表10-3　各个项目阶段文档与成果要求示意

| 项目阶段 | 文档与成果 |
|---|---|
| 用户调查与需求分析 | 《需求调研计划》<br>《用户需求说明书》<br>《系统需求说明书》 |
| 系统总体（概念）设计 | 《概念 / 总体设计文档》<br>《项目开发计划》<br>《项目战略规划报告》 |
| 系统设计阶段 | 《设计阶段计划》<br>《系统逻辑设计说明》<br>《详细设计说明》<br>《数据库设计与数据字典说明》<br>演示程序 |
| 系统开发 | 《开发阶段工作计划》<br>程序源代码<br>执行程序及《技术说明书》<br>《系统安装手册》<br>《用户使用说明》 |
| 系统测试 | 程序源代码<br>执行程序<br>《测试计划》<br>《测试报告》<br>《测试总结》<br>《管理员手册》<br>《用户使用手册》<br>《系统安装手册》 |

续表

| 项目阶段 | 文档与成果 |
| --- | --- |
| 系统部署 | 《用户培训计划》<br>《用户接受测试报告》 |
| 系统验收 | 《系统验收报告》<br>《项目总结报告》<br>《项目成果提交报告》<br>数据光盘<br>程序光盘<br>文档光盘 |
| 系统维护 | 《系统维护服务记录》 |

### 4. 维护管理

包括维护的机构和人员、维护时期的配置管理、维护时期的文档管理、维护费用的估算等内容。

GIS维护的内容包括以下 3 方面。

1）数据的维护与更新。数据是GIS建设的基础，为确保GIS系统的现势性，必须定期进行系统数据的维护与更新。对于不同的GIS系统，应根据系统的规模、实际需求和自身的特点，进行系统数据维护与更新，当一个系统交给用户使用后，就开始了系统维护期，这是GIS生命周期中比较长的一个。

2）系统的维护与更新。随着GIS的运行和计算机技术的发展，GIS实施时所采用的软硬件设备都可能不满足任务的需求，因此，系统的维护与更新又可以分为软件的维护与更新和硬件的维护与更新。

软件的维护与更新主要包括操作系统和GIS基础软件版本的升级，以及应用软件的升级。当运行环境的改变或者系统功能、性能需求的变化使得原GIS软件不能通过维护以满足用户需求时，则需要进行GIS软件更新，进入下一个开发周期。

3）硬件的维护与更新。目前，硬件的更新换代非常快，GIS低层支撑环境是硬件，但是我们不能盲目地追随硬件的更新换代，也不能抱有不坏就不换的心态，要考虑系统的工作性质、性能需求，根据设备的使用说明，在网络规模较小只有较少的访问服务器提供远程服务时，一般都采用访问服务器的本地安全数据来提供安全认证。随着网络规模的增长以及对访问安全要求的提高，则需要一台安全服务器为所有的拨号用户提供集中的安全数据库，用户无须在每台访问路由器上增加更改拨号用户安全信息。

# 10.4　GIS工程的控制管理

GIS工程同时也是一项耗费大量人力、物力、财力和时间的系统工程。为了使系统建设达到预期的目标，就必须针对组织、机构管理和计算机信息系统的特点，根据工程项目管理的思想，采用科学的建设步骤和技术，对工程建设的全过程进行控制和协调。

## 10.4.1　GIS工程可行性分析

可行性分析是在需求分析的基础上，从技术、经济、社会等因素确定系统开发的可能性。可行性分析的内容主要包括技术水平、资金、进度和组织运作等方面。资金的分析应当考虑到整个GIS实施、运行和维护的全过程，通用的方法是成本效益分析。在技术可行性方面，要考虑GIS项目中所要求的技术能否满足要求，技术发展以新技术出现对项目的影响，是否需要对人员进行技术培训。组织方面包括整个机构能否愿意承受引入GIS技术所带来的变化，以及能否在开发过程中相互协作完成开发任务。

在进行可行性分析时，不可忽视各个方面的变化所引发的风险，要对风险进行客观的评价，并作出相应的防范措施。

**1. 技术**

技术方面的可行性包括以下几方面。

**（1）人员和技术力量的可行性**

GIS是一个横跨多个学科组成的一个边缘学科，在GIS建设的各个阶段，需要各种层次、各种专业的而技术人员参加，如系统分析人员、设计人员、程序员、操作员、软硬件维护人员、组织管理人员等。应对新建GIS的规模和应用领域，对从事这些工作的技术人员数量、结构和水平进行调查分析，如果不能投入足够数量的上述人员或者投入人员的技术水平不理想，这可以认为GIS建设在技术力量上是不可行的。

**（2）基础管理的可行性**

现有的管理基础、管理技术、统计手段等能否满足新系统开发的要求。

**（3）组织系统开发方案的可行性**

合理的组织人、财、物和技术力量，并进行实施技术的可行性。

**（4）计算机硬件的可行性**

包括各种外围设备、通信设备、计算机设备的性能是否能满足系统开发的要求，以及这些设备的使用、维护及其充分发挥效益的可行性。

**（5）计算机软件的可行性**

包括各种软件的功能能否满足系统开发的要求，软件系统是否安全可靠，本单位对使用、掌握这些软件技术的可行性。

**（6）环境条件以及运行技术方面的可行性**

**2. 经费**

GIS工程建设需要有足够的资金财力做保证。根据拟建GIS的规模，要对GIS开发和运行维护过程中所需要的各种费用进行预测估算，包括软硬件资源、技术开发、人员培训、数据收集和录入、系统维护、材料消耗等各项支出，衡量能否有足够的资金保证进行GIS的工程建设。

在进行GIS项目经费预算时，要综合考虑各种费用，进行预算的方法主要有上溯法、下溯法、单价法和根据项目参加人员的费用做预算的方法。

**3. 进度**

进度安排是管理者在进入设计和实施阶段之前必须完成的。在进行进度安排之前，首先必须估计每项活动从开始到完成所需要的时间，其次要考虑的因素包括活动之间的依赖关系（必须完成一项才能进行下一项）以及各个活动的最早开始—结束时间和最迟开始—结束时间（例如，整个项目工期为120天，某项活动需要30天，那么它的最迟开始时间是第90天）。计划要有灵活性，可以根据变化进行相应的调整。此外，要保证参与人员有足够的时间来完成各项任务，在任务之间安排一定的"机动时间"是一个较现实的办法。

表示项目进度的常用方法有里程碑表示法（Milestone Chart）、甘特图法（Gantt Chart）、关键路径法（CPM–Critical Path Method）和墙纸法（Wall Paper Method）等。

**4. 支持程度**

部门管理者、工作人员对建立GIS的支持情况；人力状况包括有多少人力可用于GIS系统，其中有多少人员需要培训等；财力支持情况包括组织部门所能给予的当前的投资额及将来维护GIS的逐年投资额等。

应注意的是，具有长期应用目标的地理信息系统还会遇到硬件和软件更新的问题。硬件设备包括计算机本身从新型号推算起，大约能维持5年的优势，更先进的硬件设备又将问世，原设备不仅在技术上显得落后，而且工作效率也开始降低，计算机软件的升级发展也很迅速。同时，很多统计数据表明，一个GIS，如果硬件投资为1，则软件开发为2，而数据的采集、整理和加工为10，并且数据必须持续的更新，因此，还必须有持续的投入。这一点得到主管部门的理解和支持非常重要。

### 10.4.1　项目的控制与评估

GIS项目的控制主要通过质量管理、合同管理、进度管理、预算管理等来完成。

项目的控制通常采用事后分析和评估的方法，该方法应用是在工程过程中进行控制。

如实时分析和评估进度管理，或分阶段进行，否则，项目难以按期完成。

项目的控制是为了解决问题。当进度落后时，可以用增加人员，平衡不同阶段的任务等办法解决。当超支时，在保质量的前提下，简化步骤，压缩开支，争取资金等。

合同管理是指按照合同法处理项目过程中遇到的问题，用一系列法律文件和过程维护双方的利益。

质量管理采用事后分析和评估的方法，对象包括程序和数据的数量和质量，参与人员的工作时间和效率，资金的使用情况和使用效率，设备的占用情况和效率。在分析和评估时，要尽可能使用定量的方法，一方面，定量更能准确地说明项目进展和存在的问题；另一方面，采用定量方法也便于进行横向和纵向的对比。横向对比是指项目中各个小组，甚至不同人员的对比；纵向对比是指项目的不同阶段或不同项目之间的对比。

如果用户确定由其他软件开发商承包或合作开发GIS应用软件系统或建设数据工程项目，亦或向开发商购买现成的软件系统，则需要由双方签订关于本次开发或购买的技术合同。技术合同确定了贸易的目的、双方的权利和责任等多个方面的内容。

实施过程控制是在项目实施过程中对任务下达、实际进度、项目变更、贯彻质量标准、实际成本开支、人员沟通、绩效评估、突发事件进行的日常管理，保障项目按预定计划进行。

在系统实施阶段，项目管理范围主要涉及需求变更，以及由此带来项目范围变更、计划变更、进度变更、成本变更、质量变更、技术变更等。出现需求变更时，要有应对措施，包括变更影响评估、变更确认或拒绝、修改计划、修改文档，并发出变更通知。对任何项目变更一定要更新文档，或者撰写补充文档，并做好版本管理。对任何变更一定要及时通知到相关人员，以及可能涉及的人员。

### 10.4.2　GIS建设质量控制

#### 1. 质量管理的基本概念

产品：过程的结果，地理信息工程的产品包括软件、数据和服务。

质量：一组固有特性满足要求的程度。其中"固有特性"指某事或某物本来就有的，尤其是那些永久的特性；"要求"是指明示的、通常隐含的或必须履行的需求或期望。质量不仅是指产品的质量，也可以是某项活动或过程的工作质量，还可以是质量管理体系运行的质量。质量具有动态性和相对性。

质量管理：在质量方面指挥和控制组织的协调的活动（包括制定质量方针和质量目标以及质量策划、质量控制、质量保证和质量改进）。

质量方针：由组织的最高管理者正式发布的该组织的质量宗旨和方向。

质量目标：依据质量方针，在质量方面所追求的目的。通常对组织的相关职能和层次分别规定质量目标。

质量策划：确定质量以及采用质量体系要素的目的和要求的活动。其中"要求"为规定必要的作业过程和相关资源以实现其质量目标。质量策划的内容包括确定达到质量目标的应采取的措施和提供的必要条件（人员和设备资源），并把相应活动落实到部门和岗位、提出生产技术组织措施（如设备引进、技术攻关、人员培训等）和进度安排等。

质量控制：质量管理的一部分，致力于满足质量要求。质量控制是为达到质量要求采取的质量保证计划和措施，其目的就是确保产品的质量能满足顾客、法律法规等方面所提出的质量要求，如适用性、可靠性和安全性等。质量控制的内容包括专业技术和管理技术两个方面。为了使每项质量活动真正做好，质量控制必须对干什么、为何干、怎么干、谁来干、何时干、何地干做出具体规定，对实际质量活动进行监控，并贯彻预防为主与检验把关相结合的原则。

质量保证：质量管理的一部分，致力于提供质量要求会得到满足的信任。质量保证是以保证质量为基础，并进一步引申到提供"信任"这一基本目的。要使用户（或第三方）对组织信任，组织首先应加强质量管理和完善质量体系，对合同产品有一整套完善的质量控制方案、办法，并认真贯彻执行，确保其有效性；还要有计划、有步骤地开展各种活动，使用户（或第三方）能充分了解组织的实力、业绩、管理水平以及对合同产品各阶段的质量控制活动和内部质量保证活动的有效性，进而使对方建立对组织的信任。

管理体系：建立质量方针和目标并实现这些目标的相互关联或相互作用的一组要素。

质量管理体系：在质量方面指挥和控制组织的管理体系。质量管理体系把影响质量的技术、管理、人员和资源等因素都综合成相互联系、相互制约的一个有机整体，使其在质量方针的指引下为达到质量目标而互相配合、努力工作。

### 2. GIS工程的质量管理方法

在GIS设计与开发过程中，项目管理与质量保证是一对孪生姐妹，只有有效的项目管理才能产生优质的质量保证；有了质量保证，项目管理的过程才能顺利进行。

为确保GIS产品的质量，对每个项目都应订出质量保证计划，并由专设的质量保证小组负责贯彻，对每一阶段的成果进行审查验收。

实现质量保证的方法主要有以下6种。

1）明确GIS用户的需求。需求规格说明有误是质量保证的隐患。

2）组织外部力量的协调。一个GIS软件自始至终由同一软件开发小组来开发是最理想的，但在现实中常常很难做到。因此，需要改善对外部门协作部门的开发管理，必须明确规定进度管理、质量管理、交接检查、维护体制等各方面的要求，建立跟踪检查的体制。

3）掌握开发新软件的方法。开发软件的方法经过长期的探索和积累，公认的成功方法就是软件工程学。在开发新软件的过程中，要大力使用和推荐软件工程学中的开发方法和工具。

4）提高软件开发能力。在软件开发环境的支持下，紧跟时代潮流，运用先进的开发技术和开发工具，以提高软件的开发能力。

5）发挥每个开发者的能力。GIS软件生产是人的智能劳动过程，它依赖于人的能力和开发组的团体能力。开发者必须要有学习各专业业务知识、生产技术和管理技术的能动性。管理者要制定技术培训计划和技术水平标准，以适用于将来开发的需要。

6）提高计划和管理质量。对于中型和大型GIS软件项目来说，提高工程项目管理能力极为重要。提高管理能力的方法是重视和强化项目开发初期的项目计划评价，计划执行过程中及计划完成报告的评价，将评价和评审工作在工程实施之前就列入整个开发工程的计划之中。

### 10.4.3 计划管理

为使GIS设计的项目开发获得成功，必须对GIS开发项目的工作范围、要实现的功能与目标、需要的资源、开发的成本估算、项目进度安排、经历的里程碑、可能遇到的风险以及质量保证等做到心中有数。

保证GIS建设有计划、有组织、有步骤地进行，避免盲目性。这包括对须完成的各项工作按任务分解，落实到具体的组织或人，指明每项任务的要求；进行进度控制，预定每项工作任务的起始日期，规定完成的先后次序及完成的标志，并进行有效的控制；对各项开发费用进行预估，进行合理有效的使用。

实施计划要做到以下几点。

1）分析了解使用GIS的部门的需要和业务范围，以便有效地使用GIS。

2）决定所用数据的类型和处理方法，分析其技术要求。

3）进行数据结构、数据模型设计，设计软件接口。

4）为各个部门选择软件和硬件。

5）依据各个部门的需要，对数据的格式进行转换，并建立数据库生成方案。

6）对使用、运行和维护的人员进行培训。

### 10.4.4 项目的进度安排

项目进度安排是管理者在进入设计和实施阶段之前需要完成的，要在时间和顺序上安排各个子项目或子任务。表示项目进度的常用方法有多种，但都应当遵循以下原则。

1）进度计划简单、明了、不需要再给工作人员做详细的解释。

2）进度计划可以在实施过程中依据事态的发展比较容易修正。

3）进度计划应当说明各个子任务之间的先后顺序和制约关系。

4）应当表达整个项目的实施过程。

5）安排不能太紧，应当为每个任务预留一定时间，以便评估和修改。

# 附 录

## 附录1　GIS用户需求分析报告或需求规格说明书的结构

1. 引言

1.1 编写目的（阐明编写需求说明的目的，指明用户对象）

1.2 项目背景（应包括项目的委托单位、开发单位和主管部门；该系统与其它系统的关系）

1.3 定义（列出文档中所用到的专门术语的定义和缩写词的原文）

1.4 参考资料（可包括项目经核准的计划任务书、合同或上级机关的批文；项目开发计划；文档所引用的资料、标准和规范。列出这些资料的作者、标题、编号、发表日期、出版单位或资料来源）

2. 项目概述

2.1 项目目标、内容、现行系统的调查情况：用户情况（组织与业务）以及涉及地理范围

2.2 系统运行环境

2.3 条件与限制

3. 系统数据描述

3.1 静态数据

3.2 动态数据

3.3 数据流图

3.4 数据库描述（给出所使用数据库的名称和类型）：所需地图数据列表，所需表格数据列表

3.5 数据字典

3.6 数据加工

3.7 数据采集

4. 系统功能需求

4.1 功能划分

4.2 功能描述（功能需求列表，空间分析需求）

5. 系统性能需求

5.1 数据精确度

5.2 时间特性（如响应时间、更新处理时间、数据转换与传输时间、运行时间等）

5.3 适应性（在操作方式、运行环境、与其它软件的接口以及开发计划等发生变化时，应具有的适应能力）

6. 系统运行需求

6.1 用户界面（界面需求描述如屏幕格式、报表格式、菜单格式、输入输出时间等）

6.2 硬件接口

6.3 软件接口即软件选择

6.4 故障处理

7. 质量保证

8. 其它需求（如可使用性、安全保密、可维护性、可移植性等的说明）

9. GIS工程实施计划：工程进度甘特图以及所需资源和花费

10. GIS工程的可行性分析

# 附录2　GIS系统总体设计方案和子系统设计方案

系统总体设计方案是从总体角度对系统建设的主要技术设计方案进行说明,以便系统建设有一个可遵循的技术规范。同时，还要对设计指导思想和所采用的技术方法进行说明。它是上级主管部门审查和协调系统建设过程的依据，是下一阶段工作的基础。

系统总体设计方案应包括以下各项内容。

1. 引言

1.1 系统简介　简要介绍系统的名称、目标和功能,并说明系统建设的组织单位、服务对象及其与其它系统或机构的联系。

1.2 参考资料　列出有关文件的作者、标题、编号、发表日期和出版单位，必要时说明这些文件资料的来源。

2. 系统总体设计技术方案

2.1 模块设计　在本阶段，首先划分系统内部基础模块结构，然后确定系统的总体结构。它是编写程序的依据。

2.1.1 模块结构图　是采用IPO图（即输入—处理—输出图）形式绘制而成的系统结构框图。图 中需要简述模块的名称、功能和接口关系。

2.1.2 名称　列出系统中各主要功能的结构图名称和它们之间的关系。

2.1.3 功能　用文字简单说明主要模块应具有的功能。

2.2 代码设计　代码设计是GIS建设的重要设计内容之一，它是进行信息分类、标识，以便对数据进行存储、管理和查询检索的关键,也用于指定数据的处理方法，区别数据类型和指定计算机处理的内容。

2.3 输入设计　它负担着将系统外的数据以一定的格式送入计算机的任务，它直接影响到人工系统和机器系统的工作质量,输入设计的原则是确保系统输入信息的正确无误，输入必须有必要的介质和设备为基础。应说明系统的主要输入信息，以及对输入承担者的安排和主要功能要求。简要说明各主要输入数据的类型、来源和所采用的设备、介质、格式、数值范围、精度等，简述所用的数据校验方法及其效果。如果输入数据同某一接口软件有关，还应说明该接口软件的来源。

2.4 输出设计　它是指计算机将原始输入数据进行处理，将其加工成满足用户使用要求的格式，并提供给用户。输出不仅有一定的格式要求，而且有必要的介质和设备支撑。

2.5 数据库设计说明　编制数据库设计说明的目的是对所设计数据库中数据的逻辑结

构和物理结构做出具体的设计规定。

2.5.1 概述　　说明设计开发数据库的意图、应用目标、作用范围、主要功能以及有关数据库开发的背景材料。

2.5.2 需求规定　　主要描述效据库性能规定,包括数据精度、存取数据的有效性、响应时间、数据的转换和传送时间以及其它专门要求。

2.5.3 运行环境要求　　简述运行数据库的硬设备及其专门功能,列出支撑软件并说明测试用的软件,说明在安全保密以及其它有关方面的要求。

2.5.4 设计考虑　　简要说明本系统（或子系统）内所使用的数据结构中,有关数据分层、数据项、记录、文件的标识、定义、长度及它们之间的相互关系。

简要要说明本系统（或子系统）内所使用的数据结构中有关数据项的存储要求、访问方法、存取单位、存取的物理关系（索引、设备和存储区域）、设计考虑和保密处理。

2.6 模型库及方法库设计

2.7 网络设计　　即系统的网络结构和网络功能设计。

2.8 安全保密设计

2.9 评价、验收　　对系统的每一部分设计都应有相应的评价。评价的结果是验收的重要标准。

2.10 实施方案说明书　　系统设计阶段完成以后就要确定系统实施方案，编写实施方案说明书。实施方案说明书是系统实施阶段的依据和出发点。

2.10.1 实施方案说明　　对系统名称、子系统名称、程序名称、程序语言、使用的设备等逐项说明;对数据长度、文件名称和形式、编号、构成记录的各数据项的名称和内容等逐项说明;对进行程序设计的处理内容进行详细说明。

2.10.2 实施总计划　　对系统建设中需完成的各项工作（包括文件编制、审批、打印、用户培训工作、使用设备的安排工作等）,按层次进行分解,指明每项任务的要求。给出每项工作任务（包括文件编制）的预定开始日期和完成日期，规定各项工作任务完成的先后顺序以及每项工作任务完成的标志，逐项列出本系统建设所需要的费用（包括办公费、差旅费、机时费、资料费、通信设备和专用设备的租金等）。

2.10.3 实施方案的审批　　由于实施方案是下一阶段工作的依据，所以待报批的实施方案要经用户、系统研制人员、程序员、操作员、专家和管理人员审议。一经批准的实施方案就不能随意改动。

# 附录3　GIS软件详细设计说明书

1. 引言

1.1 背景说明　该软件系统名称、开发者、详细设计原则和方法。

1.2 参考资料　列出有关参考资料名称、作者、发表日期、出版单位。

1.3 术语和缩写语　列出本文件中专用的术语、定义和缩写语。

2. 程序（模块）系统的组织结构

用图表列出本程序系统内每个模块（或子程序）的名称、标识符，以及这些模块（或子程序）之间的层次关系。

3. 模块（或子程序）1（标识符）设计说明

从本文件3开始，逐个给出上述每个模块（或子程序）设计考虑。

3.1 模块（子程序）描述　简要描述本模块（子程序）的目的意义、程序的特点。

3.2 功能详细描述　此模块（子程序）要完成的主要功能。

3.3 性能描述　此模块（子程序）要达到的主要技术性能。

3.4 输入项　描述每一个输入项的特征，如：标识符、数据类型、数据格式、数值的有效范围、输入方式。

3.5 处理过程　详细说明模块（子程序）内部的处理过程，采用的算法、出错处理。

3.6 接口　分别列出和本模块（子程序）有调用关系的所有模块（子程序）及其调用关系，说明与本模块（子程序）有关的数据结构。

3.7 存储分配

3.8 注释设计

3.9 限制条件　说明本模块（子程序）运行中受到的限制条件。

3.10 测试计划

4. 模块（或子程序）2（标识符）设计说明

用类似3的方式，说明第二个模块（子程序）乃至第N个模块（或子程序）的设计考虑。

# 附录4　GIS用户手册的编写

　　用户手册的编写也是GIS工程中的一项重要任务，用户手册应该提供详细的按步骤操作软件的说明、解释可能遇到的错误信息的含义及错误原因、遇到特殊情况的处理方法、解释使用过程中可能遇到的各种技术术语。下面附上用户手册编写模板。

1. 引言

1.1 编写目的

1.2 项目背景

1.3 定义

1.4 参考资料

2. 软件概述

2.1 目标

2.2 功能

2.3 性能

3. 运行环境

3.1 硬件

3.2 支持软件

4. 使用说明

4.1 安装和初始化

4.2 输入

4.3 输出

4.4 出错和恢复

4.5 求助查询

5. 运行说明

5.1 运行表

5.2 运行步骤

6. 非常规过程

7. 操作命令一览表

8. 程序文件（或命令文件）和数据文件一览表

9. 用户操作举例

引言中的前言部分的内容是阐明编写手册的目的，指明读者对象。编写手册的目的是为了使用户了解本系统的基本信息，如系统功能——能为用户提供哪些服务，系能性能，预期效果，具体的使用方法

项目的背景应包括项目的来源、委托单位、开发单位和主管部门。

定义是指需要列出手册中所用到的专门术语的定义和缩写词的原文。

参考资料则是要列出有关资料的作者、标题、编号、发表日期、出版单位或资料来源，可包括：

a. 项目的计划任务书、合同或批文；

b. 项目开发计划；

c. 需求规格说明书；

d. 概要设计说明书；

e. 详细设计说明书；

f. 测试计划；

g. 手册中引用的其他资料、采用的软件工程标准或软件工程规范。

软件概述部分应描述软件可以实现的目标、软件的功能和软件的性能。性能要包括以下3点。

（1）数据精确度（包括输入、输出及处理数据的精度）

（2）时间特性（如响应时间、处理时间、数据传输时间等）

（3）灵活性（在操作方式、运行环境需做某些变更时软件的适应能力）

软件的运行环境包括需要的硬件配置和所支持的软件，要详细列出软件系统运行时所需的硬件最小配置，如下所列内容。

（1）计算机型号、主存容量

（2）外存储器、媒体、记录格式、设备型号及数量

（3）输入、输出设备

（4）数据传输设备及数据转换设备的型号及数量

所支持的软件要列出，如：

（1）操作系统名称及版本号

（2）语言编译系统或汇编系统的名称及版本号

（3）数据库管理系统的名称及版本号

（4）其他必要的支持软件

使用说明部分应包括以下内容。

（1）安装与初始化

给出程序的存储形式、操作命令、反馈信息及其含意、表明安装完成的测试实例以及

安装所需的软件工具等。

（2）输入部分要给出输入数据或参数的要求

其中数据背景要有详细的数据来源、存储媒体、出现频度、限制和质量管理等。数据格式要给出详细的规范，如长度、格式基准、标号、顺序、分隔符、词汇表、省略和重复还有控制等。

输出部分要给出每项输出数据的说明。数据背景要说明输出数据的去向、使用频度、存放媒体及质量管理等。数据格式要详细阐明每一输出数据的格式，如：首部、主体和尾部的具体形式。

出错和恢复部分要给出出错信息及其含意；用户应采取的措施，如修改、恢复、再启动。

非常规过程应提供应急或非常规操作的必要信息及操作步骤，如出错处理操作、向后备系统切换操作以及维护人员须知的操作和注意事项。

在编写用户手册过程中要注意以下内容。

（1）阅读指南应该包含如下几部分

1）手册目标：通过阅读该用户手册，用户应该或能够达到什么目标。

2）阅读对象：指明什么人员应该阅读该手册，或什么人员应该阅读本手册的哪些部分；阅读对象在阅读本手册之前应该掌握哪些知识，必要时应给出资料清单，以便用户查阅。

3）手册构成：如果本系统的用户手册（包括管理员手册、参考手册）由几本组成，首先应该分别简要介绍这些手册的情况。最根本的是应该介绍本手册在哪一章或哪几章讲解了什么内容。

4）手册约定：这一部分应该包括字体的约定、特殊符号的约定。必要时，应该给出某些基本术语的定义。也可以把基本术语、概念的定义作为基础知识来介绍。

（2）目录的编写

目录的编写要尽量详尽。如果用户手册的内容用到小节，则目录就应该编写到小节；如果用户手册的内容用到小小节，则目录就应该编写到小小节。编写用户手册目录的目的就是为了让用户能够根据它很快地找到想要的内容。

（3）各种附录的编写

在用户手册中，有些知识和信息可以通过附录的形式提供给用户，以便于用户查阅，这些内容如下。

1）错误提示信息：通常可以以表的形式按照一定的顺序，例如按出错提示信息编号顺序、或按出错提示信息的字母顺序，给出出错提示信息的编号、提示信息、相应的解释、出错原因和解决办法。

2）命令速查表：通常可以以表的形式按照一定的顺序给出各种命令的概要（包括命令名称、各种参数、及相应的功能介绍），以帮助有一定经验的用户进行快速查找所需信息。

3）数据文件格式：可以通过附录介绍用户必须了解或可以了解的各种输入数据文件、输出结果文件、中间数据文件的格式、限制范围、适当的解释等。

4）其它信息：任何其它有利于用户使用我们的软件、方便用户的信息都可以以附录的形式提供给用户。

虽然附录所提供的信息可能均可以在系统操作说明中能够查到，但提供附录的目的就是为了方便用户使用，这种重复还是必要的。

# 参 考 文 献

[1] 国家测绘地理信息局职业技能鉴定指导中心.注册测绘师资格考试辅导教材：测绘综合能力[M].北京：测绘出版社，2012.

[2] 国家测绘地理信息局职业技能鉴定指导中心.注册测绘师资格考试辅导教材：测绘管理与法律法规[M].北京：测绘出版社，2012.

[3] 国家测绘地理信息局职业技能鉴定指导中心.注册测绘师资格考试辅导教材：测绘案例分析[M].北京：测绘出版社，2012.

[4] 孔云峰，林晖.GIS分析、设计与项目管理[M].2版.北京：科学出版社，2008.

[5] 张正栋，邱国锋，郑春燕，等.地理信息系统原理、应用与工程[M].武汉：武汉大学出版社，2005.

[6] 李满春，任建武，陈刚，等.GIS设计与实现[M].北京：科学出版社，2003.

[7] 毕硕本，王桥，徐秀华.地理信息系统软件工程的原理与方法[M].北京：科学出版社，2003.

[8] 郭庆胜，王晓延.地理信息系统工程设计与原理[M].武汉：武汉大学出版社，2003.

[9] 郭岚，席晶.GIS数据采集与数字化测绘[J].测绘标准化，2011（3）：9–11.

[10] 中华人民共和国测绘行业标准.基础地理信息数据库基本规定[S].国家测绘局.2009.

[11] 郑春燕，邱国锋，张正栋，等.地理信息系统原理、应用与工程[M].2版.武汉：武汉大学出版社，2011.

[12] 边馥苓.空间信息导论[M].2版.北京：测绘出版社，2014.

[13] 杨永崇，郭岚.实用土地信息系统[M].北京：测绘出版社，2009.

[14] 刘广运，韩丽斌.电子地图技术与应用[M].北京：测绘出版社，1996.

[15] 龙毅，温永宁，盛业华.电子地图学[M].北京：科学出版社，2006.

[16] 杨永崇，郭岚，娄宁，等.现代土地调查技术[M].西安：西北工业大学出版社，2015.

[17] 王家耀.地图制图学与地理信息工程学科进展与成就[M].北京：科学出版社，2011.

[18] 张海.软件工程导论[M].北京：清华大学出版社，1998.